# 居住空间设计

## Living Space Design



主　编　张　全　吕玉龙

副主编　屠　君　许　灿　高云荣　张林文君

中国人民大学出版社

·北京·

**图书在版编目（CIP）数据**

居住空间设计 / 张全，吕玉龙主编 . — 北京：中国人民大学出版社，2019.4
ISBN 978-7-300-26335-9

Ⅰ. ①居… Ⅱ. ①张…②吕… Ⅲ. ①住宅 - 室内装饰设计 - 职业教育 - 教材 Ⅳ. ① TU241

中国版本图书馆 CIP 数据核字（2018）第 232131 号

**居住空间设计**
主　编　张　全　吕玉龙
副主编　屠　君　许　灿　高云荣　张林文君
Juzhu Kongjian Sheji

| | | | |
|---|---|---|---|
| **出版发行** | 中国人民大学出版社 | | |
| **社　　址** | 北京中关村大街 31 号 | 邮政编码 | 100080 |
| **电　　话** | 010-62511242（总编室） | | 010-62511770（质管部） |
| | 010-82501766（邮购部） | | 010-62514148（门市部） |
| | 010-62515195（发行公司） | | 010-62515275（盗版举报） |
| **网　　址** | http://www.crup.com.cn | | |
| | http://www.ttrnet.com（人大教研网） | | |
| **经　　销** | 新华书店 | | |
| **印　　刷** | 北京尚唐印刷包装有限公司 | | |
| **规　　格** | 185 mm × 260 mm　16 开本 | **版　　次** | 2019 年 4 月第 1 版 |
| **印　　张** | 8.75　插页 1 | **印　　次** | 2019 年 4 月第 1 次印刷 |
| **字　　数** | 163 000 | **定　　价** | 45.00 元 |

# 前言

## Preface

居住空间设计是当今各高等职业院校艺术设计专业，特别是环境艺术设计专业的一门必修专业课程。针对高职高专艺术设计专业教学，我们提倡工学结合，突出“实用、够用、会用”的学习理念。本书编者根据高职高专艺术教学的实际情况，结合自己多年教学以及在实际设计工作中的经验，参考了一些高职院校的教学成果和其他的相关文献资料，同时考虑了此类专业学生的实际基础和学习能力，确定了本书的编写思路，即创新、实用、活学活用。既有基础知识的了解和掌握，又有创意性的培养和表达，更重要的是通过实际的设计案例来直观分析，从而引导学生的思维并提高其设计能力。

全书分三个部分：准备篇——居住空间设计基础、过程篇——居住空间单项设计、延展篇——居住空间综合设计。本书以课题的形式，对未来工作中的实际应用过程进行了有针对性的展开，解决了居住空间设计中的问题。同时，对一些应用案例进行解析，引导和欣赏，并希望以此来开阔学生的眼界，拓展其设计思维能力。

本书在编写过程中引用了相关的文献和图片材料，在此向原作者表示衷心的感谢。

受编写时间及能力所限，本书难免有纰漏和不足，在此，真诚地希望广大读者提出宝贵意见，以便今后修改和完善。

**编　者**

2019 年 1 月

# 目录

Contents

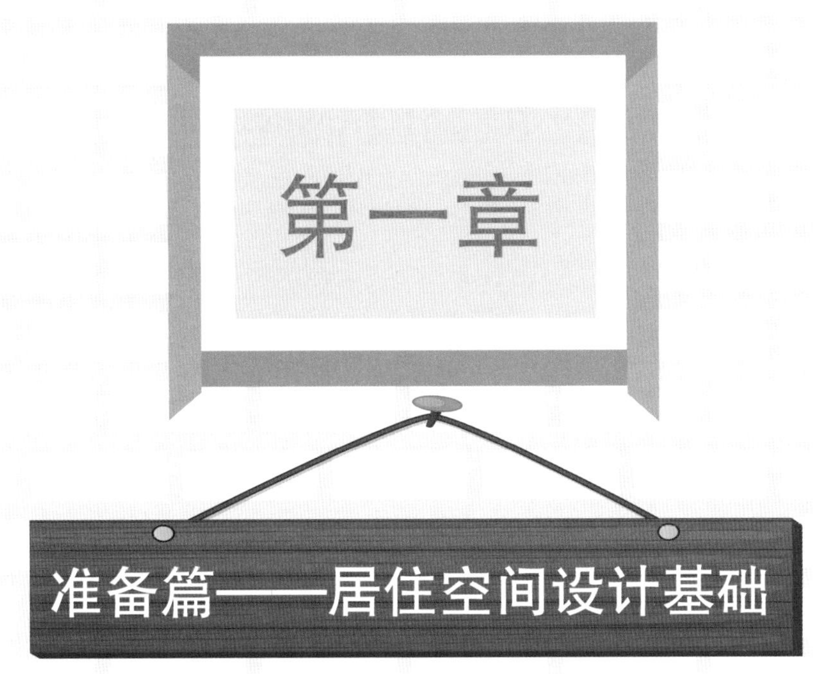
第一章
准备篇——居住空间设计基础

# 第一节　居住空间的认知

## 本节概述

对居住空间的历史与演化进行初步介绍，并阐述居住空间的概念，为认知居住空间设计奠定基础。

## 学习目的

通过本节的学习，学生要了解不同居住空间的概念和居住空间的历史与演化，对居住空间设计有基本认识。

空间是容纳人们生活的场所。如今我们的生活丰富多彩，居住空间设计也各式各样。尽管每个人在居住空间中度过的时间不同，但俗语说“家和万事兴”，这个“家”，从空间上理解，指的就是“居住空间”，如图 1-1-1 所示。

图 1-1-1　居住空间

现今社会居住空间与人们的生活联系十分紧密，是人们的基本生活要素之一。随着社会经济的发展，人类的居住空间由最原始的天然岩洞演变为当下种类繁多的住宅。其实，

无论居住空间的形式如何变化和发展，它的基本内涵是不变的，即它始终是人类的住所。

现在，只要是购置新居，人们都要对其进行一番设计和装饰，这是一项较大的工程和一笔不小的投资，并将直接影响自己日后的生活。因此，设计师只有掌握居室装饰设计的基本原则和方法，才能更好地进行设计。在现代艺术设计教育中，居住空间设计是环境设计专业的重要课程，它解决的是在一定空间范围内如何使人居住、使用起来方便且舒适的问题。居住空间不论大小，涉及的方面都很多，包括心理、行为、功能、空间、采光、照明、通风以及人体工程学等，每一个方面都和人的日常起居关系密切。下面，我们从居住空间的概念、居住空间的历史与演化、现代居住空间设计的发展等方面，以具体项目实例进行介绍和阐述，让读者获得一些实用的信息，从而提高自身的空间感知能力、空间创造能力和空间设计能力。

## 一、居住空间的概念

居住空间是一种以家庭为对象，以居住活动为中心的建筑环境。我们可以从狭义和广义两个方面来界定。

从狭义方面来说，它是家庭生活方式的体现。比如：农村生活环境下的居住空间，取决于人们的生产方式，如种植业、养殖业等，这种居住空间的特点是由农村用地状况决定的。农村用地相对宽敞，自给自足的生产方式决定了其周边环境可以相对封闭。游牧生活环境下的居住空间是由畜牧业生产决定的，即应具有活动性以便追随牧草，而活动性又决定了其应该结构简单、拆装方便、材料轻便。城市生活环境下的居住空间是由其工业或商业的生产方式决定的。城市居住空间的特点取决于其用地状况（相对密集），生产方式要求其交通发达且信息畅通。

从广义方面来说，居住空间是社会文明的表现。封建社会时期的居住空间是由封建意识形态决定的，体现在封闭的独门独院、正房与厢房，彰显了其等级分明，是封建伦理道德思想的体现。现代社会居住空间的层级关系则体现在“家庭（单个居住空间）→小区（居住空间的集合）→社区（小区的组团）→城市（社区的串联）”这样的关系和纽带中。

中国古代人认为：“君子将营宫室，宗庙为先，厩库次之，居室为后。”这说明中国古代对居住空间的认识遵循以宗法为中心、以农耕为根本的社会居住法则，兼顾精神与物质要素。西方古罗马建筑大师马库斯·维特鲁威·波里奥（Marcus Vitruvius Pollio）认为：“所有生活居住设施皆需具备实用、坚固、愉快三个要素。”古人在两千年前就已在实质上把握了居住空间的功能、结构和精神价值。

建筑大师弗兰克·劳埃德·赖特（Frank Lloyd Wright）认为：“功能决定形式。”居住空间的实质存在于内部空间，它的外观形式也应由内部空间来决定。居住空间的结构形式是表现美的基础，居住空间建地的地形特色是生活本身特色的起点。居住空间的实用目标与设计形式必须统一，这样方能体现和谐。

20 世纪著名的建筑大师、城市规划家勒 · 柯布西耶（Le Corbusier）则认为：“居室是居住的机器。”居住空间设计需像机器设计一样精密正确。居住空间的设计不仅要考虑人们生活上的实际需求，而且要从更广泛的角度去研究和解决人的各种需求，居住空间的美根植于人类的需求之中。

## 二、居住空间的历史与演化

居住空间设计是人类创造并美化自己生存环境的活动之一。确切地讲，应称之为居住环境设计。人类居住空间的发展大致可以分为早期、中期和现代三个阶段。

### （一）早期阶段

早期阶段，即原始社会至奴隶社会中期，人类赖以遮风避雨的居住空间大都是天然山洞、坑穴或者是借自然林木搭起来的“窝棚”，如图 1-1-2 所示。这些天然形成的内部空间毕竟太不舒适，人们总是想把环境改造一番，以利于生存。人类早期作品与后来的某些矫揉造作的设计相比，其单纯、朴实的艺术形象反倒有一种魅力，并不时激发我们创作的灵感。

该时期的特点是生产技术落后，技术能力有限，因而人们只能以穴居方式居住在坑穴及山洞。由于生产能力不足，物质财富有限，因此住所只能满足基本功能的要求，巢居是主要生活方式，后逐渐发展出干栏式建筑。由于生存压力大，建造目的单一，因此形成木骨泥墙的建筑形态。早期阶段居住空间的构造和处理手段为后来建筑的发展打下了基础。

图 1-1-2　原始住所发展序列

### （二）中期阶段

中期阶段，即奴隶社会后期、封建社会时期及工业革命前期，人类改造客观世界的

能力在不断地提高，人类的居住空间不仅仅是简单的“容器”了，居住空间抽象的“精神功能”问题被提了出来。所谓精神功能，指的是那些满足人们心理活动的空间内容。我们往往用“空间气氛”“空间格调”“空间情趣”“空间个性”之类的术语来解释它，实质上这是一个空间艺术质量的问题，是衡量居住设计质量的重要标准之一。人生享乐的主张在中期阶段的居住空间设计活动中开始得到重视。在东方，特别是在封建帝王统治下的中国，宫殿、山庄雕梁画柱，异常华丽，如图 1-1-3 所示。西方的文艺复兴姗姗来迟，但此后的社会财富占有者们也后来者居上，大兴土木，把宫苑、别墅建得外貌壮观，内部奢华。这个时期的生活空间设计往往追求面面俱到，特别是在眼前、在近距离观赏和手足可及之处，无不尽量雕琢。为了炫耀财富的拥有，为了满足感官的舒适，昂贵的材料、无价的珍宝、名贵的艺术品都被带进了居住空间，如图 1-1-4 所示。

图 1-1-3　宫殿外观

图 1-1-4　凡尔赛宫

该时期的特点是生产技术进步，技术能力提升，生产力加强，物质财富增多并日益集中，建造目的复杂化。这一时期的建筑结构复杂，有规模宏大、消耗性强的皇宫、别墅山庄，有哥特式、洛可可式、巴洛克式的楼、台、亭、阁等。这一时期的建筑形式复杂，风格多样。这一阶段的居住空间设计一方面工艺精致、巧妙，大大地丰富了居住设计的内容，给后人留下了一笔丰厚的艺术遗产。但在另一方面，那些反映统治阶层趣味的，不惜动用大量昂贵材料堆砌而成的豪华的内部空间，也给后人植下了一味醉心于装潢而忽视空间关系与建筑结构逻辑的病根。

### （三）现代阶段

震撼世界的第一次工业革命开拓了现代居住设计事业发展的新天地。自工业革命以来，钢、玻璃、混凝土、批量生产的纺织品和其他工业产品，以及后来出现的大批量生产的人工合成材料，给设计师提供了更多的选择。新材料及其相应的构造技术极大地丰富了居住空间设计的内容。

现代居住空间设计的主要特点是追求实用功能，注重运用新的科学与技术，追求居住空间“舒适度”的提高；注重充分利用工业材料和批量生产的工业产品；讲究人情味，在物质条件允许的情况下，尽可能追求个性与独创性，重视居住空间设计的综合艺术风格，如图 1-1-5 所示。

图 1-1-5　现代居住空间

## 三、现代居住空间设计的发展

现代居住空间设计的发展趋势可以从功能化、人性化、科学化、技术化几个方面来概括。

### （一）功能化

居住空间设计的功能化体现在空间使用功能的实现和空间环境对人的影响两个方面。现代生活内容比以往更为丰富，功能更是居住空间设计要优先解决的问题，设计师要在有限的空间里，通过合理而多样的功能设计满足人们的功能需求。人们的生活方式直接决定了室内空间环境的使用功能，交谈、就餐、阅读、睡眠、洗浴、娱乐、健身、储藏……如何实现这些功能成为设计师和使用者注意的焦点。人体工程学和环境心理学是设计的基础理论学科，它们的研究成果为空间和家具的使用功能合理化提供了必要的依据。许多室内空间和家具不再仅仅具有单一的使用功能，例如：在客厅可以就餐、阅读、睡眠、娱乐；通道可以兼作餐厅、厨房；卧室可以写字、娱乐、健身；书柜可以和折叠书桌合并；床具有收藏功能；可折叠的沙发床可以节省空间。另外，不同的造型、色彩、材料和空间布局对人的心理具有不同的影响，客厅的设计需要营造良好的交流环境，餐厅的设计要尽可能有助于进食，卧室必须让人容易入睡，卫生间的清洁感也不可忽视，这些都对设计功能化提出了更高的要求。

### （二）人性化

注重文化与艺术内涵，崇尚个性化设计，回归自然和无障碍设计是现代居住空间人性

化设计的重要表现。随着经济的持续发展，国内的中产阶层大规模出现，这一群体在基本的物质生活得到满足后，开始寻求从物质中解放出来，他们要求设计体现室内整体及各种因素之间关系的美感，努力营造生活中高品质的艺术氛围，甚至促使生活空间环境日趋艺术化。居住空间设计更强调生活的高品位、人性化、健康、舒适、美观、有较多的绿化空间与人文景观和适应现代社会的智能管理系统。

### （三）科学化

经济和可持续发展是现代居住空间设计科学化的重要体现。居住空间环境的可持续发展包括对自然环境的保护和空间的可持续利用。随着对环境认识的深入，人们意识到环境保护并非只是使用无毒、无污染的装修材料那么简单，还包括使用节能的电器设备和可循环利用的材料、减少不可再生资源的浪费。同时，由于结构良好的建筑可以使用几十年，而居住空间内部环境的使用时间较短，更新频率快，因此划分内部空间更应使用灵活性强的家具、陈设和绿化的组合而非墙体。可持续变化的空间能够引导使用者积极参与设计，令居室具有更持久的生命力，旧建筑空间的再利用也可以减少人们对生存环境的破坏。

### （四）技术化

科技运用和规范生产正成为现代居住空间设计区别于以往的显著时代特点。“科技是第一生产力”，随着社会的发展，新技术从发明到实际运用的周期越来越短。节能、环保、自动、智能这些生活理念与其的结合，新材料、新电器设备、新施工技术的不断出现，使得居住空间环境的科技含量大为增加，并延伸了空间环境各方面的功能，满足了人们越来越高和复杂多样的需求。例如：建立起家庭办公自动化设施、全方位的智能化防盗及生活的一卡通消费系统，北京的现代城、上海的仁恒滨江园、深圳的东海花园二期等都采用了这种超前的智能化设施。

从上述内容中，我们可以从功能化、人性化、科学化和技术化四个基本方向清晰地看到居住空间设计发展的主要趋势。当然，这四个方向并非绝对对立，而是具有既相对独立又相辅相成的关系，为我们研究居住空间设计提供了不同视角，为日后的设计行为和设计教育指明了方向。

## 能力训练

作业名称：试对当今国内外流行的居住空间设计进行分析和阐述。

作业形式：以分组讨论和选派代表上台阐述的形式，表达对居住空间的认识程度。

作业要求：收集相关资料，或到实地考察，要求每个同学根据自己的学习过程记录下最深刻的感受。

# 第二节 居住空间调研与测量

对居住空间的调研与测量进行初步的介绍，并阐述设计师应具备的能力和装备，为后续居住空间设计的学习奠定基础。

## 学习目的

通过本节的学习，学生应了解居住空间测量的工具与方法。

## 一、调研与测量

### （一）测量工具的准备

1）卷尺：分为一般卷尺与鲁班尺，室内设计使用鲁班尺较多。
2）相机。
3）方格纸或白纸。
4）铅笔、圆珠笔（红、蓝、绿色）、橡皮擦、荧光笔（红、绿色）。

### （二）项目现场的记录与测量

在具备地域条件的情况下，设计师应对项目现场进行实地勘察，勘察情况应客观而详细地记录在原始建筑图中。在对室内空间进行观察时，要马上在脑海里构筑起一个相同的空间，之后就要在这个想象的空间里进行设计，这就要求设计师有很好的记忆力和空间想象力。也可借助相机对空间进行记忆，拍摄多角度的现场实景照片，对场地进行记录。而在实地勘察中，卷尺是最常用的工具之一，卷尺的使用分为以下几种情况，分别是宽度的丈量、室内净高的丈量与梁宽的丈量，测量方法如下：

### 1. 宽度的丈量

1）大拇指按住卷尺头。

2）平行拉出，拉至欲量的宽度即可（见图 1-2-1、图 1-2-2）。

图 1-2-1　宽度的丈量 1

图 1-2-2　宽度的丈量 2

### 2. 室内净高的丈量

1）将卷尺头顶到天花板。

2）大拇指按住卷尺。

3）膝盖顶住卷尺往下压。

4）卷尺再往地板延伸即可（见图 1-2-3）。

图 1-2-3　室内净高的丈量

### 3. 梁宽的丈量

1）卷尺平行拉伸。

2）形成一个“冖”字形。

3）顶住梁底部。

4）梁某侧的边缘与卷尺整数值齐，再依此测算梁宽的总值（见图 1-2-4）。

图 1-2-4　梁宽的丈量

## （三）观察建筑物形状及四周环境

因建筑物造型及与所在地的关系，部分外观会出现斜面、弧形、圆形、金属造型、挑空等，因此有必要对建筑物外观进行了解并拍照。另外，因为建筑物四周的环境有时也会影响平面图的配置，所以对此也要做到心中有数。如图 1-2-5 所示。

记录下各窗户的外部环境，便于在划分内部空间时考虑朝向、光照、通风和景观等因素。要注意观察窗外的风景对室内的影响，比如哪个窗户能看到宅间绿地，哪个窗户能看见远方的美景，或者哪个房间会因被周围的建筑物挡住而光线差，哪个窗户能被对面建筑的人看见等。这些情况都需要一一记录下来，为以后的设计提供参考。

图 1-2-5　观察建筑物形状及四周环境

1）仔细考察建筑的结构，考虑将来装修结构的固定和连接方式。

2）检查楼板和天花板是否有裂缝或漏水、窗户的接合处是否紧密、窗户的开关是否顺畅等建筑质量方面的问题。如有问题，应做记录，并提前告知客户，商讨解决方法。

3）对一些较特殊的位置和结构（如妨碍空间的管道，特别低的梁和设施等，如图 1-2-6 和图 1-2-7 所示）的装饰处理进行现场构思。

图 1-2-6　毛坯房（管道的位置）

图 1-2-7　毛坯房（梁的位置）

4）原始平面图所示的实心墙体和柱子部分就是承重结构。设计者在进行室内设计时，绝对不能破坏原承重结构，不是承重的墙体则可以适当进行拆除或移位。

5）细节部位尺寸需仔细测量并记录，包括如下方面：

- 窗户的宽度和高度以及离墙距离的测量。
- 管道外包墙体的尺寸、裸露的管道尺寸的测量及预计装修方法。
- 厨房油烟管道和煤气管道的位置和尺寸的测量。
- 卫生间下水口和排污口的位置和尺寸的测量。

6）现场拍照：站在角落身体半蹲拍照，每一个场景均以拍到天花板、墙面、地面为宜。

7）根据现场丈量的草图，利用 AutoCAD 软件绘制正确且完整的图。

房屋内部的格局最常见的是单层平面格局，但也有特殊的格局，如挑空的楼中楼、复式夹层及虽是单层格局但客厅却为挑高空间等。这三种不同格局的空间在绘制平面图时并不相同，尤其是绘制挑空格局图时最容易出错，再者后两种格局在绘制现场图时，最好能再绘制纵横剖立面图，便于了解其在格局上的差别。

### （四）与客户的前期沟通

在与客户进行前期沟通时要掌握的信息主要有四个方面。

1）充分了解客户对室内空间的使用要求。客户的使用要求将决定空间的性质，并产生相应的设计要求。

2）了解客户的审美倾向。设计师在与客户交谈的过程中应了解客户的审美情趣，进而因势利导，影响和提高客户的审美情趣。

3）了解客户的投资估算和投资定位。客户的投资估算和投资定位往往决定了空间的服务对象和所需的设备及功能特性。

4）对某些特殊处理要与客户达成共识。在交谈的过程中，应该与客户就特殊环境问题的处理进行讨论，如有些建筑本身的结构制约等。对此，设计师应事先告知客户，以征求他们的意见。

## 二、设计师应具备的能力和装备

### （一）具备住宅的建筑结构知识

在开始设计之前，首先要对设计对象——住宅有所了解，设计师需要明确住宅的结构形式是框架、剪力墙、砌体还是砖混结构，以避免在后期的改造中误触承重墙柱，做到有的放矢；需要了解住宅的通风、采光等情况，以便合理安排卧室、客厅、晾晒等功能布局；需要了解住宅的水、电、燃气、消防等设备的管道位置，以便做好合理的布局。

### （二）具备创意构思的能力

居住空间设计中最关键的是设计理念与方案，好的理念与方案需要很长时间的打磨，同时需要设计师具有开阔的视野、广泛的信息渠道。在进行设计构思时，设计师不能凭空想象，需要在满足居住空间基本功能的基础上，充分考虑舒适、美观、节约、时尚等因素，可谓在针尖上跳舞，需要在一定的限制与约束中充分发挥创意。

### （三）具备设计构想的表达能力

好的设计师不仅能够提出自己的理念和见解，更能够将这些见解以可视化、可交流的形式进行表达，因此需要：具备以手绘效果图或利用 SketchUp 软件进行方案构思表达的能力；具备以 Photoshop 进行平面排版、以 Powerpoint 进行提案的能力；具备以 3Dmax 进行三维深化表达的能力；具备以 AutoCAD 进行方案深化与施工图表达的能力；掌握材料与工艺并具备以材料图册表达材料选择的能力；具备利用 Excel 进行工程预算的能力。

### （四）具备沟通、协调与营销能力

居住空间设计的过程，就是一个营销的过程，因此居住空间设计师不仅得是设计与施工能手，还要是一个谈判和签单高手。从接待洽谈到方案设计，从成本预算到施工合同，从材料选择到工程验收，每一步都涉及多方人物、多方谈判。居住空间设计师只有成为营销高手，才能有一展所长的机会。

### （五）具备良好的职业素质

居住空间设计师的职业素质就是从事家装设计行业的人员在社会职业活动中所表现出来的行为习惯和思维方式。一个合格的居住空间设计师需要具备以下几种职业素质：

#### 1. 高深的审美鉴赏能力与品位

现代居住空间设计是一个对审美要求极高的行业，好的审美鉴赏能力和敏锐的感受力甚至比实际动手能力更重要。因此，居住空间设计师需要对色彩、空间、造型、风格、流派等有较深的研究，并能在此基础上形成自己独特的风格与独立的判断。

#### 2. 广博的知识与文化

居住空间设计属于一门综合性的交叉学科，居住空间设计师需要丰富的生活阅历和大量的相关专业知识，如材料、技术、花卉绿植、家具、预算、谈判及传统文化、心理学、自然科学、人文科学等做支撑，并将这些知识融会贯通、交叉使用，只有这样才能在设计与沟通中处变不惊、游刃有余。

#### 3. 优秀的团队协作能力

居住空间设计不是一个人的舞台，而是需要团队业务人员、谈判人员、派单人员、设计师及助理、监理、工长、水电工、瓦工、家具定制人员、材料商等通力合作，设计师要在其中找到自己的位置，与团队成员做好配合工作。

#### 4. 能够吃苦耐劳并自发学习

若想做好设计，在设计的起步阶段，就需要做好吃苦耐劳的准备。跑工地、跑材料、跑业务、做设计等工作都要去尝试并在过程中学习，只有这样才能在从事设计工作时提高效率。

5. 坚守职业道德

设计师是运用自身专业和技能向业主提供设计指导的人员，需要为自己的设计负责，不能完全以利润为第一目标而罔顾设计安全与环保等问题，要能从客户的角度考虑问题，设身处地地为客户着想，为后期工作的良性循环奠定基础。

### （六）具备基础的硬件装备

居住空间设计师需要配备一些必要的装备。但现代装备名目繁多，让人高兴的同时也容易让人产生困惑——仿佛所有的工具和设备都是必需的，唯恐漏了哪个而影响业务的开展，然而事后发现总是买多了，有许多装备根本就用不到。接下来我们会站在入门设计师的角度，挑选一些最基本、最简单、最实用的装备予以介绍，当对居住空间设计行业熟悉到一定程度之后，设计师自然就会知道如何添置设备了。

1. 手绘装备

手绘是设计师不可或缺的基本技能之一，它是表达设计意图与创作思路最直接的手段与形式，可以起到信息采集、方案推敲、情景展现的作用。常用的手绘装备有彩色铅笔、马克笔、水彩等工具与材料，可以全部购置，也可以根据自己的爱好自由搭配。

2. 数字化装备

数字化装备是现代化设计必不可少的装备，它是进行资料查询、方案设计与表现图、施工图绘制的必备工具。常用的数字化装备有高配置的台式电脑，设计师用其进行方案设计、三维效果图表现、施工图绘制；录音笔，它可以方便记录沟通过程，归纳设计依据；微单相机，它是采集资料与记录现场的便利工具。

3. 工具箱

（1）个人必备工具

一名职业设计师需要配备一些职业生活中所用到的工具，以便满足工作记录、项目查阅、现场测量、文件归类、对外介绍等的需要。

（2）可扩充的个性化装备

一名资深而成熟的设计师会有自己的工作方式和习惯，拥有自己的个性化装备。

## 能力训练

作业名称：完成一次居住空间的测量。

作业形式：以小组合作的形式，进行居住空间测量，并做好相关记录。

作业要求：空间测量准确，尺寸记录清晰，团队合作进行。

# 第三节　居住空间基础制图规范

### 本节概述

本节主要介绍建筑平面图的基本概念，从居住空间图纸的制图规范和常用图例来讲，让学生了解居住空间平面图设计和居住空间立面图设计。

### 学习目的

通过本节的学习，学生应掌握运用制图规范和常用图例来进行居住空间制图的方法，合理进行居住空间平面图设计和立面图设计。

## 一、建筑平面图

建筑平面图是建筑工程图的基本图样，它是假想用一水平的剖切面沿门窗洞位置将房屋剖切后，对剖切面以下部分所做的水平投影图。它反映房屋的平面形状、大小和布置，墙、柱的位置、尺寸和材料，门窗的类型和位置，等等。

对于多层建筑，一般应每层有一个单独的平面图。但一般建筑中间几层平面布置往往完全相同，这时就可以省掉几个平面图，只用一个平面图表示，这种平面图称为标准层平面图。建筑施工图中的平面图一般有：底层平面图（表示第一层房间的布置、建筑入口、门厅及楼梯等）、标准层平面图（表示中间各层的布置）、顶层平面图（房屋最高层的平面布置图）以及屋顶平面图（即屋顶平面的水平投影，其比例尺一般比其他平面图小）。

室内设计平面图的主要内容有：

1）建筑物及其组成房间的名称、尺寸、定位轴线和墙壁厚度等。

2）走廊、楼梯位置及其尺寸。

3）门窗位置、尺寸及编号。门的代号是 M，窗的代号是 C。在代号后面写上编号，同一编号表示同一类型的门窗，如 M-1、C-1。

4）台阶、阳台、雨篷、散水的位置及细部尺寸。

5）室内地面的高度。

6）各层平面都应画出剖面图的剖切位置线，以便与剖面图对照查阅。

7）家具与设备的布置。

8）各层平面图都应标出立面的指示符号。

## 二、制图规范与常用图例

为了统一房屋建筑制图规则，保证制图质量，提高制图效率，做到图面清晰、简明，符合设计及施工要求，便于进行技术交流，国家相关部门就建筑工程图样的内容、格式、画法颁布了一系列统一标准，以下简称“国标”。本书介绍的制图标准主要来自《房屋建筑制图统一标准》（GB/T 50001—2010）等，之后涉及的其他有关国家标准将做特别说明。

### （一）图纸的要求

#### 1. 图纸幅面

图纸幅面简称图幅，是指图纸宽度（$b$）与长度（$l$）限定的图面。

1）为了方便使用、装订、阅读图纸，国标制定了 5 种图幅规格，即 A0、A1、A2、A3、A4。A1 号图幅尺寸为 A0 号图幅尺寸的 1/2，其他图幅以此类推，如图 1-3-1 所示。

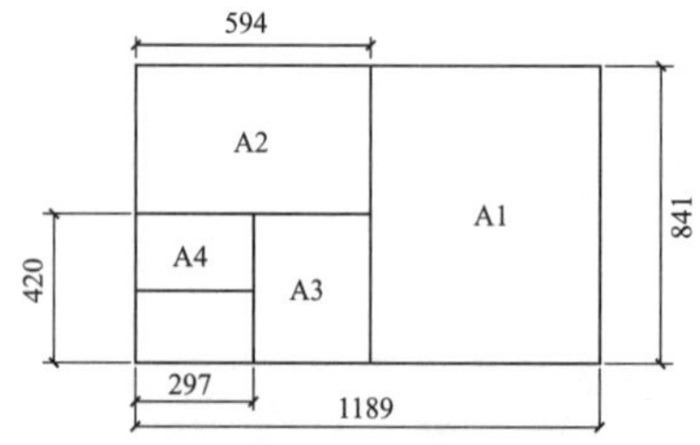


图 1-3-1　5 种图幅尺寸示意图（单位：mm）

2）在绘图时，通常采用表 1-3-1 规定的基本幅面，必要时可采用长边加长幅面，如表 1-3-2 所示。

表 1-3-1　　图纸幅面及图框尺寸（单位：mm）

<table>
<tr><th>幅面代号<br>尺寸代号</th><th>A0</th><th>A1</th><th>A2</th><th>A3</th><th>A4</th></tr>
<tr><td>$b \times l$</td><td>841 × 1189</td><td>594 × 841</td><td>420 × 594</td><td>297 × 420</td><td>210 × 297</td></tr>
<tr><td>$c$</td><td colspan="3">10</td><td colspan="2">5</td></tr>
<tr><td>$a$</td><td colspan="5">25</td></tr>
</table>

表 1-3-2　　图纸长边加长尺寸（单位：mm）

| 幅面代号 | 长边尺寸 $l$ | 长边加长后的尺寸 |
|---|---|---|
| A0 | 1189 | 1486（$l$+1/4$l$）　1635（$l$+3/8$l$）　1783（$l$+1/2$l$）　1932（$l$+5/8$l$）<br>2080（$l$+3/4$l$）　2230（$l$+7/8$l$）　2378（$l$+1$l$） |
| A1 | 841 | 1051（$l$+1/4$l$）　1261（$l$+1/2$l$）　1471（$l$+3/4$l$）　1682（$l$+1$l$）<br>1892（$l$+5/4$l$）　2102（$l$+3/2$l$） |
| A2 | 594 | 743（$l$+1/4$l$）　891（$l$+1/2$l$）　1041（$l$+3/4$l$）　1189（$l$+1$l$）<br>1338（$l$+5/4$l$）　1486（$l$+3/2$l$）　1635（$l$+7/4$l$）　1783（$l$+2$l$）<br>1932（$l$+9/4$l$）　2080（$l$+5/2$l$） |
| A3 | 420 | 630（$l$+1/2$l$）　841（$l$+1$l$）　1051（$l$+3/2$l$）　1261（$l$+2$l$）<br>1471（$l$+5/2$l$）　1682（$l$+3$l$）　1892（$l$+7/2$l$） |

注：有特殊需要的图纸，可采用 $b \times l$ 为 841mm × 891mm 或 1189mm × 1261mm 的幅面。

表中 $b$ 表示图纸的宽度，也称短边；$l$ 表示图纸的长度，也称长边；$c$、$a$ 表示图框线与幅面线之间的预留宽度。以短边作为垂直边的图纸应为横式幅面，如图 1-3-2 和图 1-3-3 所示；以短边作为水平边的图纸应为立式幅面，如图 1-3-4 和图 1-3-5 所示。

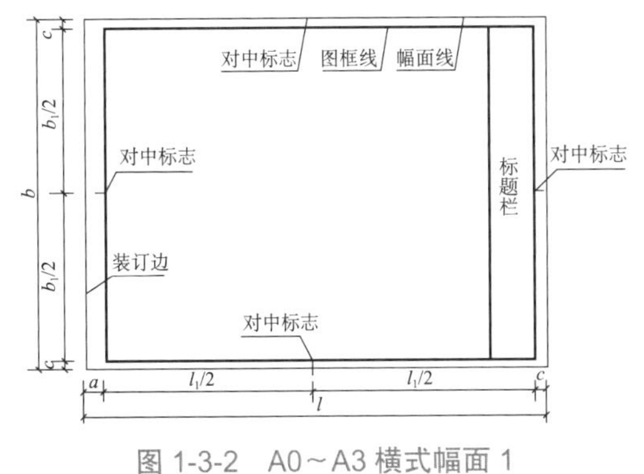


图 1-3-2　A0～A3 横式幅面 1

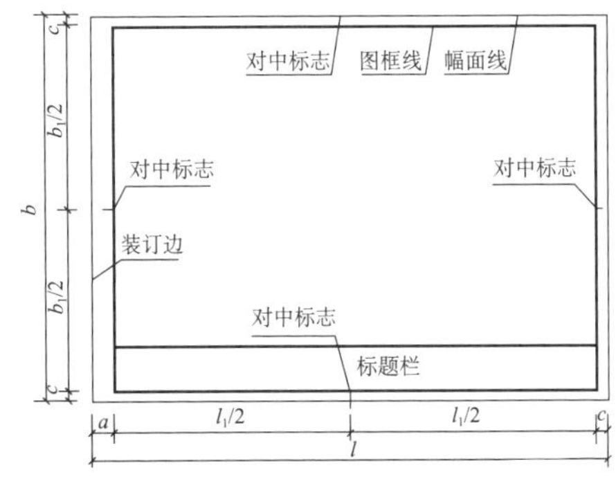


图 1-3-3　A0～A3 横式幅面 2

A0～A3 图幅宜横式使用，必要时也可立式使用。A4 图幅只可立式使用。一个工程设计中，每个专业所使用的图纸不宜多于两种幅面（不含目录及表格所采用的 A4 幅面）。

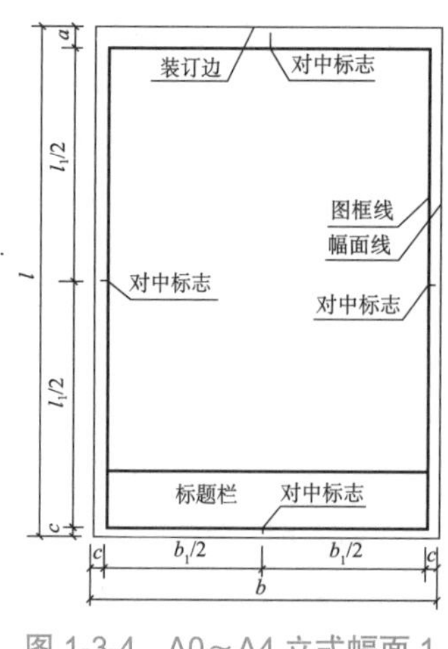


图 1-3-4　A0～A4 立式幅面 1

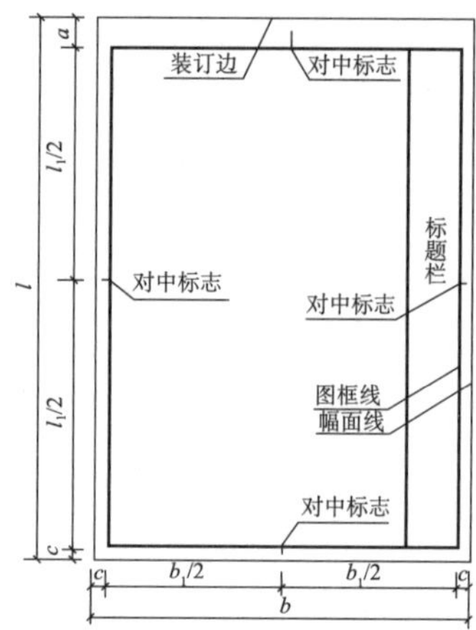


图 1-3-5　A0～A4 立式幅面 2

## 2. 标题栏

每张图纸上除了应有图框线、幅面线、装订边和对中标志之外，还必须有标题栏。图纸标题栏由设计单位名称区、注册师签章区、项目经理签章区、修改记录区、工程名称区、图号区、签字区、会签栏等组成，简称图标。

图标长边的长度，应与图幅的长边或短边的长度保持一致；图标短边的长度，根据用纸横、竖式不同分别为 40mm～70mm、30mm～50mm，如图 1-3-6 所示。应根据工程的需要选择并确定其尺寸、格式及分区。

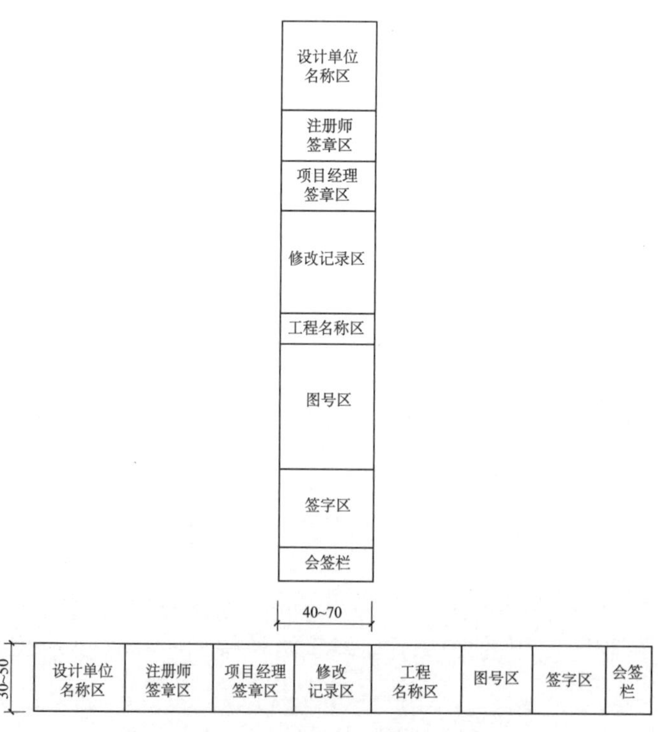


图 1-3-6　图纸标题栏（单位：mm）

### （二）常用比例

在实际制图过程中，对于现实生活中的对象，通常要缩放绘制。在缩放绘制中会用到比例。图中图形尺寸与实物相应要素的线性尺寸之比就叫作比例。

比例的符号为“：”，应以阿拉伯数字表示，注写在图名的右侧。比例文字与图名的字的基准线应取平；字高宜比图名的字高小 1 号或 2 号，如图 1-3-7 所示。

平面图 1:100　⑥ 1:20

图 1-3-7　比例的注写

图样不论放大或缩小，在标注尺寸时，应按物体的实际尺寸标注。每张图样均应填写比例。绘图样时，尽可能按物体的实际大小（1：1）画出，同一物体的各视图应采用相同的比例，对大而简单的机件可采用缩小比例，对小而复杂的机件则可采用放大比例。

绘图所用的比例，应根据图样的用途与被绘对象的复杂程度，优先从表 1-3-3 中选用。

表 1-3-3　常用比例

| 比例 | 部位 | 图纸内容 |
| --- | --- | --- |
| 1：200～1：100 | 总平面、总顶面 | 总平面布置图、总顶棚平面布置图 |
| 1：100～1：50 | 局部平面、局部顶棚平面 | 局部平面布置图、局部顶棚平面布置图 |
| 1：100～1：50 | 不复杂的立面 | 立面图、剖面图 |
| 1：50～1：30 | 较复杂的立面 | 立面图、剖面图 |
| 1：30～1：10 | 复杂的立面 | 立面放大图、剖面图 |
| 1：10～1：1 | 平面及立面中需要详细表示的部位 | 详图 |
| 1：10～1：1 | 重点部位的构造 | 节点图 |

一般情况下，一个图样选用一种比例。如专业制图需要，同一图样可选用两种比例。

特殊情况下也可自选比例，这时除应注明绘图比例外，还必须在适当位置绘制出相应的比例尺。

### （三）字体样式

在制图过程中，不仅要有图形表达，还要有必要的文字说明作为辅助，常在图纸中使用的文字有汉字、阿拉伯数字、拉丁文字，有时还会用到罗马数字和希腊字母。

#### 1. 基本要求

1）书写字体（汉字、字母、数字）必须做到：字体端正，笔画清楚，排列整齐，间隔均匀。

2）字体大小：分为 20、14、10、8、7、6、5、4、3.5、3 十种号数，字体的号数即字体的高度，字宽约为字高的 2/3，笔画粗度为字高的 1/10，字体高度也可以按字高的倍数增加，如表 1-3-4 所示。

表 1-3-4　文字的字高（单位：mm）

| 字体种类 | 中文矢量字体 | True Type 字体及非中文矢量字体 |
|---|---|---|
| 字高 | 3.5、5、7、10、14、20 | 3、4、6、8、10、14、20 |

3）汉字：图样上的汉字应写成长仿宋体，并应采用国家正式公布推行的长仿宋字。长宽比约为 3∶2。长仿宋字的基本笔画有横、竖、撇、捺、点、挑、钩、折等，每一个笔画要一笔写成，不宜勾描。

4）阿拉伯数字、罗马数字、拉丁字母和希腊字母：有正体和斜体之分，一般情况下采用斜体字，斜体字字头向右倾斜，与水平线约成 75°，分 A、B 型，A 型笔画宽度是字高的 1/14，B 型为 1/10。分数、百分数和比例数的注写，应采用阿拉伯数字和数学符号。

### 2. 详细要求

1）图样中用作指数、分数、注脚、极限偏差等的字母和数字一般采用小 1 号字体。

2）当注写的数字小于 1 时，应写出个位的“0”，小数点应采用圆点，齐基准线书写。

3）长仿宋汉字、拉丁字母、阿拉伯数字与罗马数字示例应符合国家现行标准《技术制图——字体》（GB/T 14691—1993）的有关规定。

## （四）线型、线宽及图线的画法

在绘制图纸时，为了准确区分所绘制图形表达的内容，提高识图效率，需要使用各种线型和不同粗细的图线。

### 1. 图线的线型

国标规定了各种图线的名称、线型，如表 1-3-5 所示。

### 2. 图线的尺寸

1）图线的宽度 $b$，宜从 1.4、1.0、0.7、0.5、0.35、0.25、0.18、0.13（单位均为 mm）线宽系列中选取。图线宽度不应小于 0.1mm。每个图样应根据复杂程度与比例大小，先选定基本线宽 $b$，再选用表 1-3-6 中相应的线宽组。同一张图纸内，相同比例的各图样，应选用相同的线宽组。

表 1-3-5　　图线

| 名称 | | 线型 | 线宽 | 一般用途 |
|---|---|---|---|---|
| 实线 | 粗 | | $b$ | 主要可见轮廓线 |
| | 中粗 | | $0.7b$ | 可见轮廓线 |
| | 中 | | $0.5b$ | 可见轮廓线、尺寸线、变更云线 |
| | 细 | | $0.25b$ | 图例填充线、家具线 |
| 虚线 | 粗 | | $b$ | 见各有关专业制图标准 |
| | 中粗 | | $0.7b$ | 不可见轮廓线 |
| | 中 | | $0.5b$ | 不可见轮廓线、图例线 |
| | 细 | | $0.25b$ | 图例填充线、家具线 |
| 单点长画线 | 粗 | | $b$ | 见各有关专业制图标准 |
| | 中 | | $0.5b$ | 见各有关专业制图标准 |
| | 细 | | $0.25b$ | 中心线、对称线、轴线等 |
| 双点长画线 | 粗 | | $b$ | 见各有关专业制图标准 |
| | 中 | | $0.5b$ | 见各有关专业制图标准 |
| | 细 | | $0.25b$ | 假想轮廓线、成型前原始轮廓线 |
| 折断线 | 细 | | $0.25b$ | 断开界线 |
| 波浪线 | 细 | | $0.25b$ | 断开界线 |

表 1-3-6　　线宽组（单位：mm）

| 线宽比 | 线宽组 | | | |
|---|---|---|---|---|
| $b$ | 1.4 | 1.0 | 0.7 | 0.5 |
| $0.7b$ | 1.0 | 0.7 | 0.5 | 0.35 |
| $0.5b$ | 0.7 | 0.5 | 0.35 | 0.25 |
| $0.25b$ | 0.35 | 0.25 | 0.18 | 0.13 |

注：1. 需要缩微的图纸，不宜采用 0.18mm 及更细的线宽。

2. 同一张图纸内，各不同线宽中的细线，可统一采用较细的线宽组的细线。

2）图纸的图框和标题栏线，可采用表 1-3-7 的线宽组。

表 1-3-7　　图框线、标题栏线的线宽（单位：mm）

| 图幅代号 | 图框线 | 标题栏外框线 | 标题栏分格线 |
|---|---|---|---|
| A0、A1 | *b* | 0.5*b* | 0.25*b* |
| A2、A3、A4 | *b* | 0.7*b* | 0.35*b* |

### 3. 图线的画法

图线的画法，如图 1-3-8 所示。

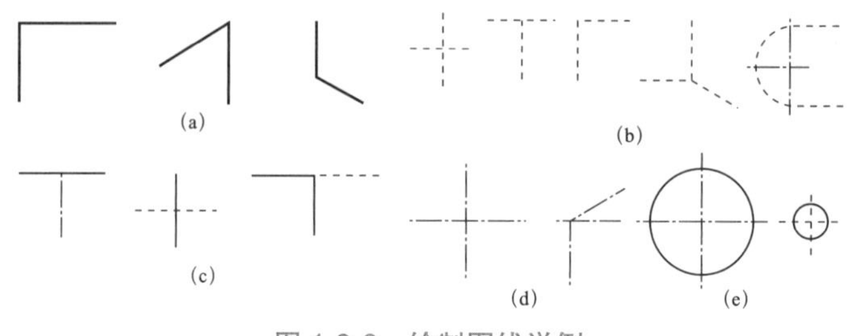

图 1-3-8　绘制图线举例

注：（a）实线与实线相连接；（b）虚线与虚线相交或相连接；（c）虚线与实线相交或相连接；（d）点画线与点画线相交或相连接；（e）圆的中心线画法。

在绘制图线时应注意：

1）同一图样中，同类图线的宽度应基本一致，虚线、点画线、双点画线的线段长短和间隔应大致相等。

2）两条平行线之间的距离不应小于粗实线的两倍宽度，其最小距离不得小于 0.7mm。

3）绘制中心线时，应超出轮廓线 2mm～5mm，圆心应是线段的交点，首末两端应是线段而不是短画线。

4）在较小图形上画点画线或双点画线有困难时，可用细实线代替。

5）虚线、点画线、粗实线相交时，应交于虚线或点画线的线段处。

6）虚线与粗直线相连时，在连接处应留有空隙；虚直线与虚半圆弧相切封，在虚直线处应留有空隙，虚半圆弧应画到对称中心线为止。

## （五）尺寸标注样式

在绘制工程图样时，图形仅表达物体的形状，只有在标注完整的尺寸数据并配以相关设计说明后，才能作为制作、施工的依据。因此，要对所绘制图形进行尺寸标注。

### 1. 尺寸标注的组成要素

尺寸标注的组成四要素为：尺寸线、尺寸界线、尺寸起止符号、尺寸数字。图 1-3-9 为实际建筑体标注实例。

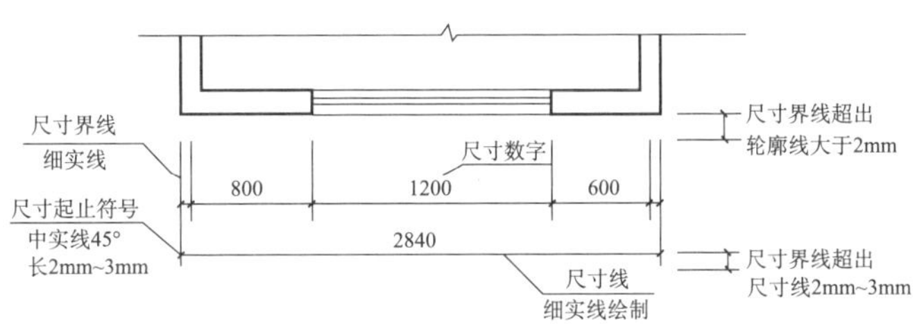

图 1-3-9　实际建筑体标注实例

1）尺寸线：细实线绘制，与被注长度平行（图样本身任何图线均不得用作尺寸线）。

2）尺寸界线：细实线绘制，与被注长度垂直，其一端应离开图样轮廓线且不小于 2mm，另一端宜超出尺寸线 2mm～3mm。

3）尺寸起止符号：中粗斜短线绘制，其倾斜方向应与尺寸界线顺时针成 45°，长度宜为 2mm～3mm。半径、直径、角度与弧长的尺寸起止符号，要用箭头表示。

4）尺寸数字：均必须以毫米（mm）为单位，不标注尺寸单位。

### 2. 图样上标注尺寸的基本要求

1）正确——尺寸注法要符合国家标准的规定。

2）完全——尺寸必须注写齐全，不遗漏，不重复。

3）清晰——尺寸的布局要整齐清晰，便于阅读、查找。

4）合理——所注尺寸既要符合设计要求，又要方便加工、装配和测量。

### 3. 基本规则

1）机件的真实大小应以图样上所注的尺寸数值为依据，与图形的大小及绘图准确与否无关。

2）图样中的尺寸以毫米（mm）为单位时，无须标注计量单位的代号或名称，如果采用其他单位，则必须注明相应的计量单位的代号或名称。

3）图样中标注的尺寸，应为该图样所示机件的最后完工尺寸，否则要另外说明。

4）机件的每一尺寸，一般只标注一次，并应标注在反映该结构最清晰的图形上。

### 4. 尺寸排列与布置的基本规定

1）尺寸宜标注在图样轮廓线以外，不宜与图线、文字及符号等相交。如果标注在图样轮廓线以内，则尺寸数字处的图线应断开。图样轮廓线也可用作尺寸界线，如图 1-3-10 所示。

2）排列相互平行的尺寸线，应从图样轮廓线向外，先小尺寸和分尺寸，后大尺寸和总尺寸。图样轮廓线以外的尺寸线，与图样最外轮廓线之间的距离应不小于 10mm，平行排列的尺寸线间距宜为 7mm～10mm，并保持一致。在标注时，通常使用三道尺寸线标注法（见图 1-3-11），即外墙门窗洞口尺寸线、轴线间尺寸线、建筑外包总尺寸线。

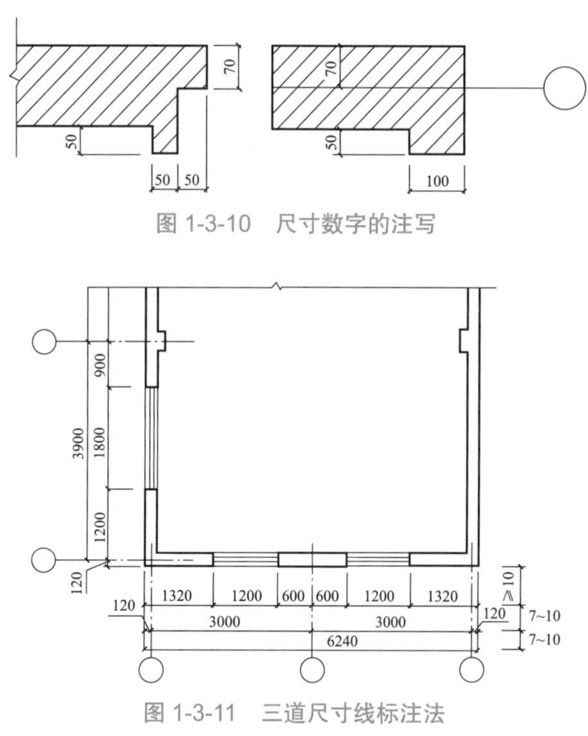


图 1-3-10　尺寸数字的注写

图 1-3-11　三道尺寸线标注法

## （六）索引符号标注样式

由于房屋建筑室内装饰装修制图在使用索引符号时，圆内注字较多，故本条规定索引符号中圆的直径为 8mm～10mm；由于在立面索引符号中需表示具体的方向，故索引符号需附有三角形箭头；当立面、剖面图的图纸量较少时，对应的索引符号可仅注图样编号，不注索引图所在页次；立面索引符号采用三角形箭头转动，数字、字母保持垂直方向不变的形式，是遵循了《建筑制图标准》（GB/T 50104—2010）中内视索引符号的规定。

因为房屋建筑室内装饰装修制图中，图样编号较复杂，所以可出现数字和字母组合在一起编写的形式。表示室内立面在平面上的位置及立面图所在图纸编号，应在平面图上使用立面索引符号，如图 1-3-12 所示。

## （七）引出线

为了使文字说明、材料标注、索引符号等标注不影响图样的清晰呈现，应采用引出线的形式来表示。

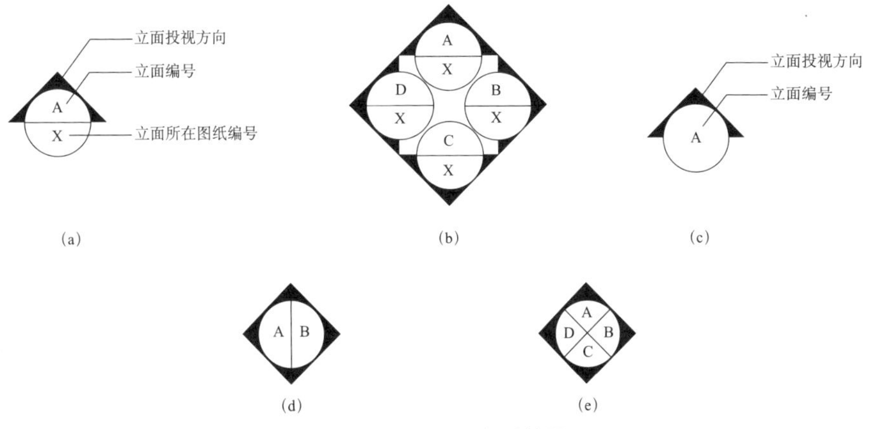


图 1-3-12 立面索引符号

多层构造或多个部位共用引出线，应通过被引出的各层或各部位，并用圆点示意对应位置。文字说明宜注写在水平线的上方，或注写在水平线的端部，说明的顺序应由上至下，并应与被说明的层次对应一致；如层次为横向排序，则由上至下的说明顺序应与由左至右的层次对应一致。层次标注顺序如图 1-3-13 所示。

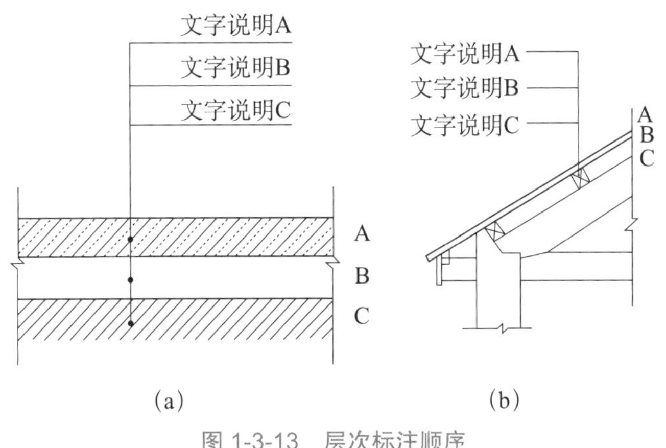


图 1-3-13 层次标注顺序

注：（a）多层构造共用引出线；（b）多个部位共用引出线。

## （八）标高

在房屋建筑室内装饰装修设计中，设计空间应标注标高，标高符号可采用直角等腰三角形，如图 1-3-14 中的（a）所示，也可采用涂黑的三角形或 90° 对顶角的圆，如图 1-3-14 中的（b）、（c）所示。标注顶棚标高时也可用 CH 符号表示，如图 1-3-14 中的（d）所示。标高符号的具体画法如图 1-3-14 中的（e）、（f）、（g）所示。

由于目前的房屋建筑室内装饰装修制图对一般空间所采用的标高符号多为《建筑制图标准》中的四种，且对应用部位不加区分，故对此四种符号的使用亦不作规定。但同一套图纸中应采用同一种符号；对于 ±0.000 标高的设定，由于房屋建筑室内装饰装修设计涉及的空间类型复杂，故对 ±0.000 的设定位置不作具体要求，制图中可根据实际情况设定，但应在相关的设计文件中说明本设计中 ±0.000 的设定位置。

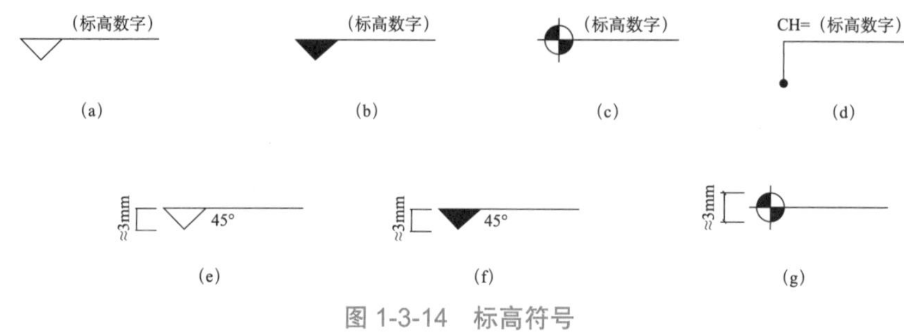


图 1-3-14　标高符号

零点标高应注写成 ±0.000，正数标高不注“+”，负数标高应注“−”，例如 3.000、−0.600。

## （九）门窗

### 1. 门

1）门的名称代号用 M 表示。

2）立面图中斜线表示开关方向，实线为外开，虚线为内开。开启方向线交角的一侧为安装合页的一侧。

3）平面图上门线应 45° 或 90° 开启，开启弧线应绘出。

4）门的立面形式按实际情况绘制，如图 1-3-15 所示。

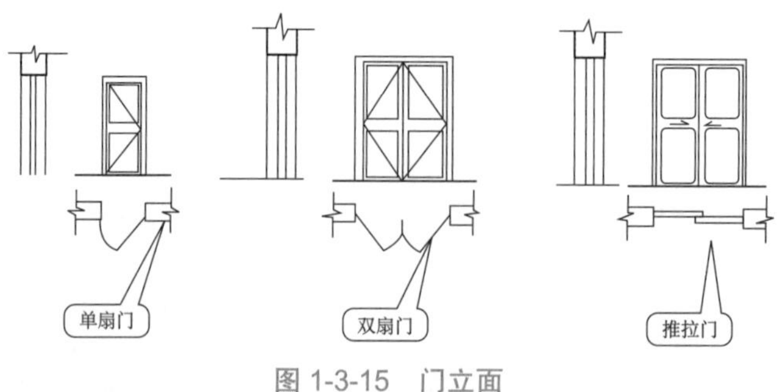


图 1-3-15　门立面

### 2. 窗

1）窗的名称代号用 C 表示。

2）立面图中斜线表示开关方向，实线为外开，虚线为内开。开启方向线交角的一侧为安装合页的一侧。

3）窗的立面形式按实际情况绘制，如图 1-3-16 所示。

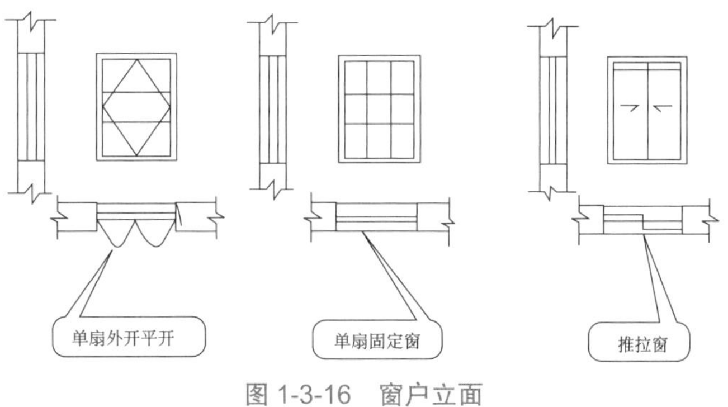

图 1-3-16　窗户立面

## （十）楼梯

如图 1-3-17 所示，最下方的为底层楼梯平面图，中间的为中间层楼梯平面图，最上方的为顶层楼梯平面。剖切高度为 1.5m 左右，楼梯及栏杆扶手的形式和梯段踏步数应按实际情况绘制。

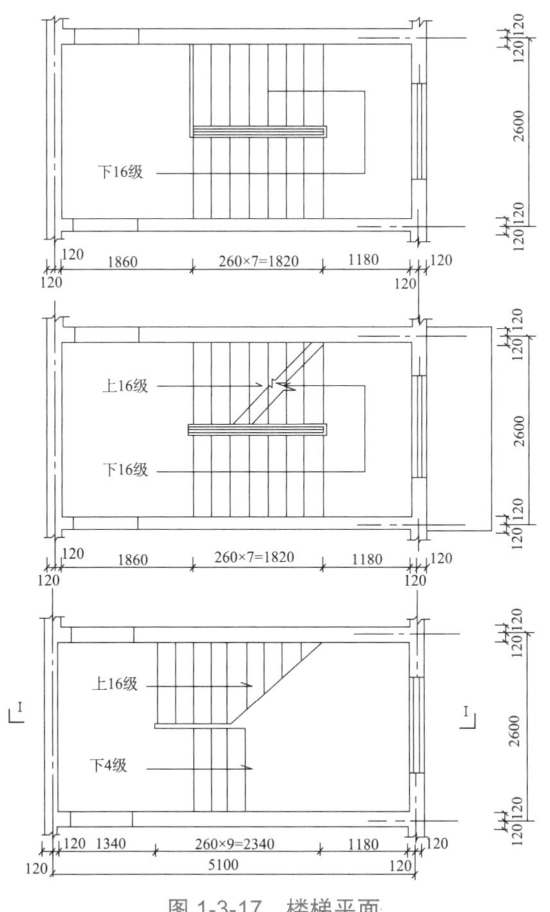

图 1-3-17　楼梯平面

## 三、居住空间平面图设计

平面图反映的是整个住宅的总体布局，表明各个房间的功能划分、设施的相对位置、家具的摆设、室内交通路线和地面的处理等。它还反映了纵、横两轴的定位轴线和尺寸标注数据，是室内装饰组织施工及编制预算的重要依据，包括以下几类：

### （一）原始平面图

原始平面图又称原始结构图，表明室内空间的形状和朝向，内部房间的布置及相互关系，入口、走道、楼梯的位置等，反映了纵、横两轴的定位轴线和尺寸标注数据。下面以一张原始平面图（见图 1-3-18）为例具体说明需注意的制图问题，图中的编号将在下面逐点进行阐述：

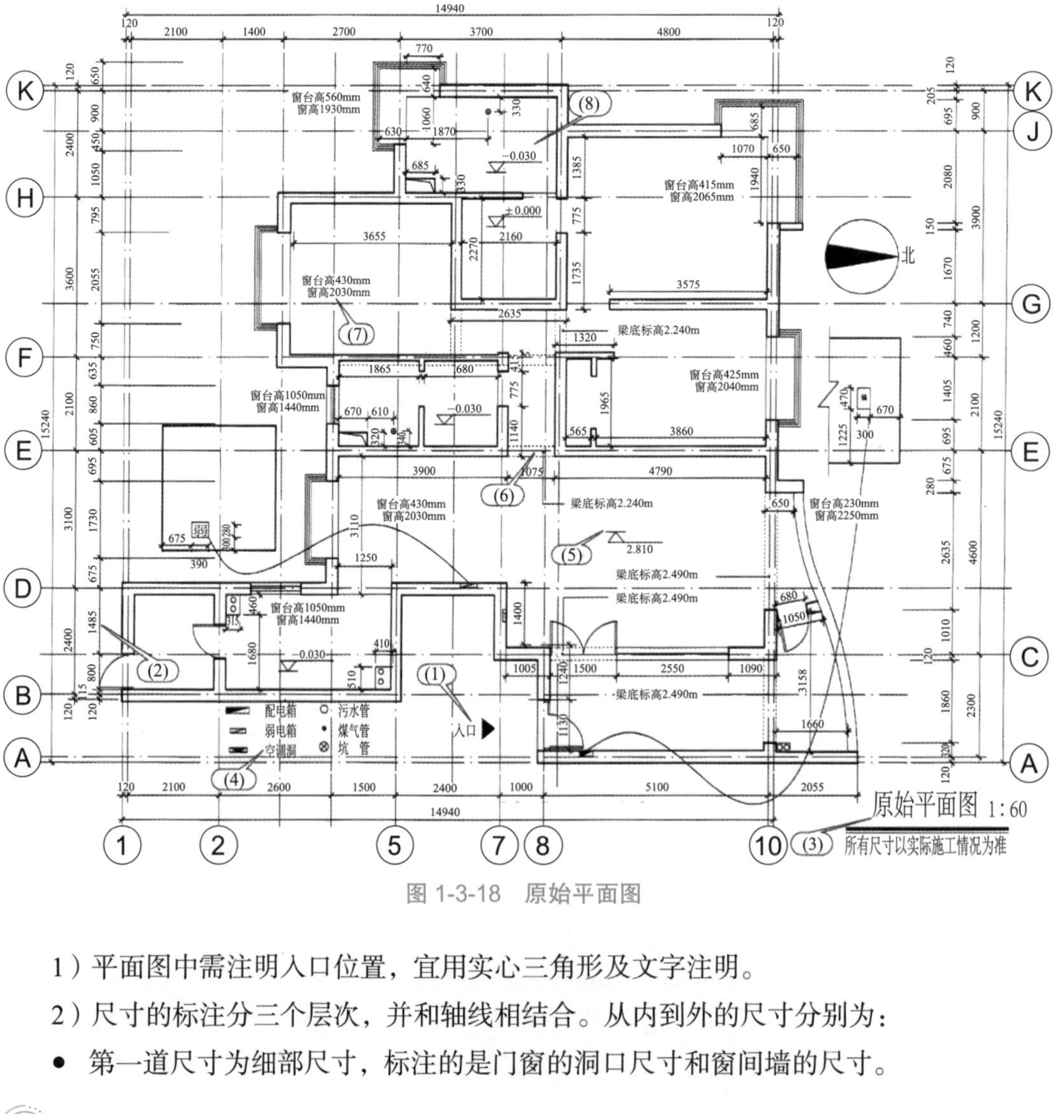

图 1-3-18　原始平面图

1）平面图中需注明入口位置，宜用实心三角形及文字注明。

2）尺寸的标注分三个层次，并和轴线相结合。从内到外的尺寸分别为：

- 第一道尺寸为细部尺寸，标注的是门窗的洞口尺寸和窗间墙的尺寸。

● 第二道尺寸为轴线尺寸，标注的是房间的“开间”和“进深”尺寸；图中纵向轴线间的距离 3600、2400 等尺寸便是开间尺寸；横向轴线间的距离 2700、3700、4800 等则是进深尺寸。

● 第三道尺寸是建筑的外包尺寸，是从一端外墙到另一端外墙边的总长和总宽。从图中可以看出，该居住空间的东西向长为 15.24m。

● 内部尺寸所标注的内容主要是门洞、窗洞、孔洞、墙体厚度等。

3）图名一般注写在图的下方或右下方。根据图需占图纸内容的 70% 的规定来调整图的比例，本图的比例宜为 1：60。

4）各类管道、配电箱、弱电箱等都需要注明，在图中使用图例表示，标注位置关系。图例表示方式可根据习惯确定，但同套图纸中应保持一致。

5）需注明楼板底部标高，即净高。

6）梁应采用虚线表示，除注明梁的宽度外，还需注明梁离楼板的距离，即梁底标高。

7）对于凸窗、飘窗等，需标明窗台的高度、尺寸以及窗的顶部高度。

8）卫生间、厨房、阳台及户门外与内部高差一般为 20mm～30mm，故标高为 -0.030 左右。

### （二）拆建平面图

拆建平面图是指根据设计要求，用来表示拆除与新建墙体的设计图，又称结构改（变）动图。需用图例表示拆除与新建部分，如果改动比较大，拆除图与新建图需分开绘制。拆除与新建部分需注明尺寸与位置关系，如图 1-3-19 所示。

### （三）平面布置图

平面布置图是假想用一水平的刮切平面，沿需装饰的房间的门窗洞口做水平全剖切，移去上面部分，对剩下部分所做的水平正投影图。

在设计平面布置之前，要先确定设计的空间，设计师在平面布置之前既要征询客户的想法，也要根据人体工程学和空间最基本的功能要求进行设计。其中，设计动线是关键，考虑居室适合什么样的整体风格是核心，考虑造价是基础。

卧室一般有衣柜、床、梳妆台、床头柜和沙发等家具；厨房里少不了矮柜、吊柜和冰箱等，洗浴间应有热水器、洗衣机等家用电器；卫生间里则有抽水马桶、浴缸、洗脸盆三大件；书房里写字台与书柜是必不可少的，如果空间足够大，还可以放一张床。

如果所列出的空间种类很多，而房子本身的空间不足，除了设法做取舍外，也可将部分空间规划为“一室多用”，如书房可兼客房使用，以提高空间机能。

家具可以让客户自己购买，也可以接受客户委托进行设计。如果房间的形状不是很好，则可根据房型定做家具，这样会取得较好的效果。

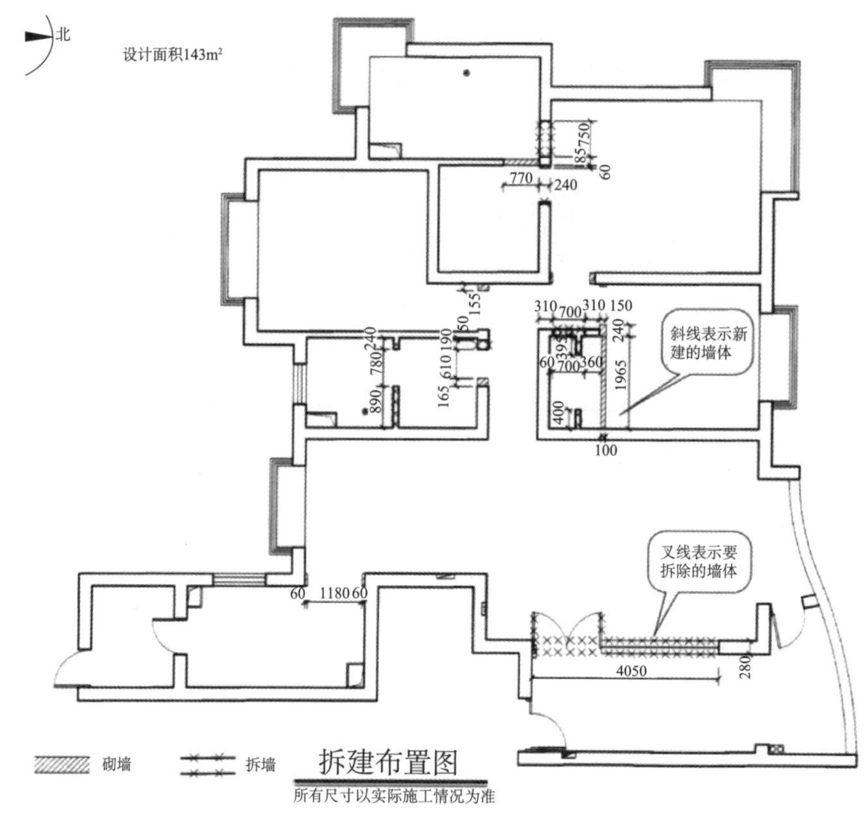


图 1-3-19 拆建布置图

若有长辈同住，父母房要离卫浴近一些；每个包含卫浴的房间最好都有窗户；餐厅与厨房不要离得太远；应尽量减少走道以节省空间。

## 1. 居住空间平面布置图的表达内容

1）反映家具的平面布置情况。

2）反映各房间分布及形状大小。

3）反映门窗位置及其水平方向尺寸。

4）标注各种必要的尺寸。

5）为表示立面图在平面布置图上的位置，应在平面图上用内视符号注明视点的立面编号、位置、方向。

6）橱柜的表示方式，如图 1-3-20 所示。

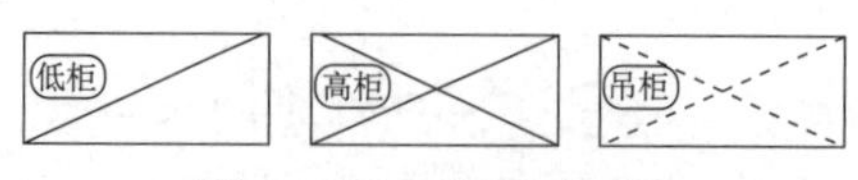


图 1-3-20 橱柜平面图

## 2. 居住空间平面布置图的表示方法

平面图应有墙、柱的定位尺寸，并有确切的比例。不管图纸如何缩放，其绝对面积不变。有了室内平面图后，设计师就可以根据不同的房间布局进行室内平面设计。针对所列出来的空间，再根据其重要性做渐进式划分，假设空间需求依序为：客厅—餐厅—厨房—主卧—客卫—儿童房—客卧—主卫—书房—玄关—更衣室—储藏室—衣帽间，就可以很清楚地了解，当空间不足时，应该怎样取舍。

平面布置图的比例一般采用 1：100、1：50，内容比较少时采用 1：200。

平面布置图的表示方法如下：第一部分标明室内结构及尺寸，包括居室的建筑尺寸、净空尺寸、门窗位置及尺寸；第二部分标明结构装修的具体形状和尺寸，包括装饰结构在内的位置，装饰结构与建筑结构的相互关系尺寸，装饰面的具体形状及尺寸，图中需标明材料的规格和工艺要求；第三部分标明室内家具、设备设施的安放位置及装修布局的尺寸关系，标明家具的规格和要求，如图 1-3-21 所示。

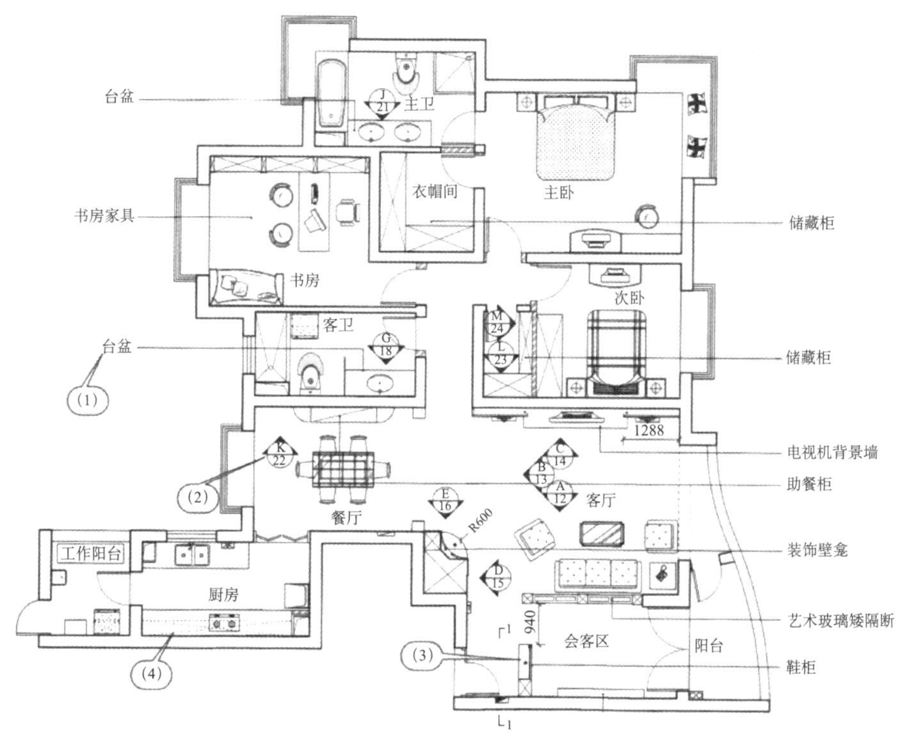


图 1-3-21　平面布置图

### 3. 居住空间平面布置图的作图步骤

1）确定图幅、比例。

2）画出定位轴线及墙体厚度。

3）定门窗位置。

4）画出家具和其他居室设施图例。

5）标注尺寸和文字说明。

6）按线宽要求加深图线。

## （四）地面铺装图

地面铺装是室内装饰的一个重要环节，以地砖、地毯和木地板三种铺装材料为主。南方冬天温暖，客厅适合铺设瓷砖，不会因大面积瓷砖而感到阴冷；潮湿时节，瓷砖也较木地板稳定。现在市面上的瓷砖，尤其是客厅用瓷砖，以 600mm 和 800mm 两种规格最常见。卧室的地板应该选择温暖的、触感好的且便于清洁的材质，不能有凹凸不平的花纹或接缝。

厨房和卫生间地面很容易沾到水，最好铺设防滑地砖。大多数专门用于厨卫的地砖，都做过防滑处理，可以安心使用。此外，塑料地毯、防腐木地板也是不错的选择。地面铺装图的设计如图 1-3-22 所示。

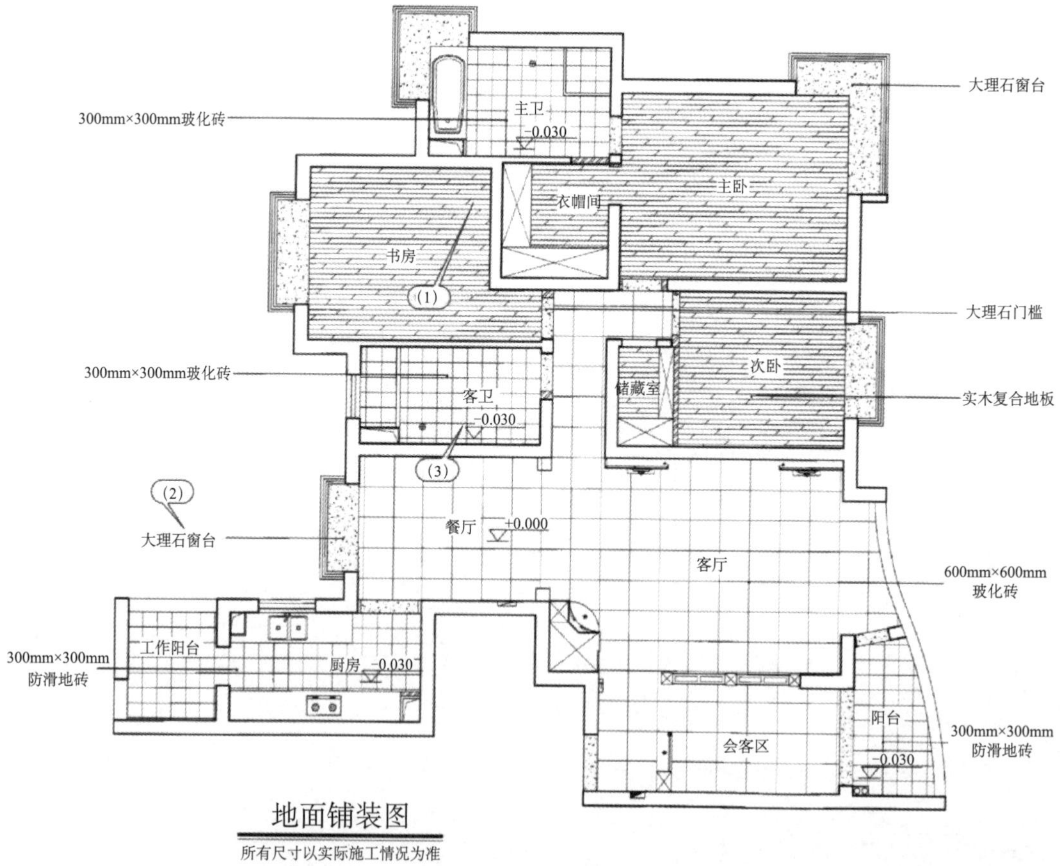

图 1-3-22　地面铺装图

### 1. 居住空间地面铺装图的表达内容

1）表达出各部分地面的空间铺装联系以及区别。

2）表达出地面材料的规格、材料编号等。

3）如果地面有其他埋地式的设备则需要表达出来，如埋地灯、暗藏光源、地插座等。

4）如有需要，表达出地面材料拼花或大样索引号。

5）如有需要，表达出地面装修所需的构造节点索引号。

6）注明地面相对标高。

7）注明轴号及轴线尺寸。

8）地面如有标高上的落差，需要另绘剖面，则要表达出剖切的节点索引号。

#### 2. 居住空间地面铺装图的表示方法

1）采用与室内平面图相同的比例绘制。

2）定位轴线编号及位置应与室内平面图相同。

3）一般只画墙厚，不画门窗位置。

4）线宽选用应与室内平面图一致。

5）不同层次的标高一般标注该层距本层楼面的高度。

6）需要详细表达的位置，应画出详图。

### （五）顶棚平面图

顶棚平面图也称天花板平面图，主要用来表达顶部的造型、尺寸、材料与规格，灯具的样式、规格与位置，空调风口，消防、报警系统，音响系统的位置等。

顶棚平面图通常采用镜像投影法绘制。镜像投影就是把顶棚相对的地面视作整片的镜面，顶棚的所有形象可以如实地照在镜面上，这镜面就是投影面。镜面的图像就是顶棚的正投影，把仰视转换成了俯视。镜像图所显示的图像纵横轴排列与仰视平面图完全相同，如图 1-3-23 所示。

#### 1. 居住空间顶棚平面图的表达内容

1）建筑物及其组成房间的名称、尺寸、定位轴线和墙壁厚度等。

2）门窗部位过梁的位置及尺寸。注意：绘制时不画门窗，只画过梁。

3）雨篷的位置及细部尺寸。

4）不同部位吊顶的标高。

5）顶面的材料。

6）灯具、空调的出回风口（包括测出风的风口）、消防设施、音响设备的布置与定位尺寸。灯具要表示出种类、式样、规格与数量。

7）标明墙体顶部有关装饰配件（如窗帘盒、窗帘等）的式样和位置。

8）标明顶棚剖面构造详图的剖切位置及剖面构造详图所在的位置。

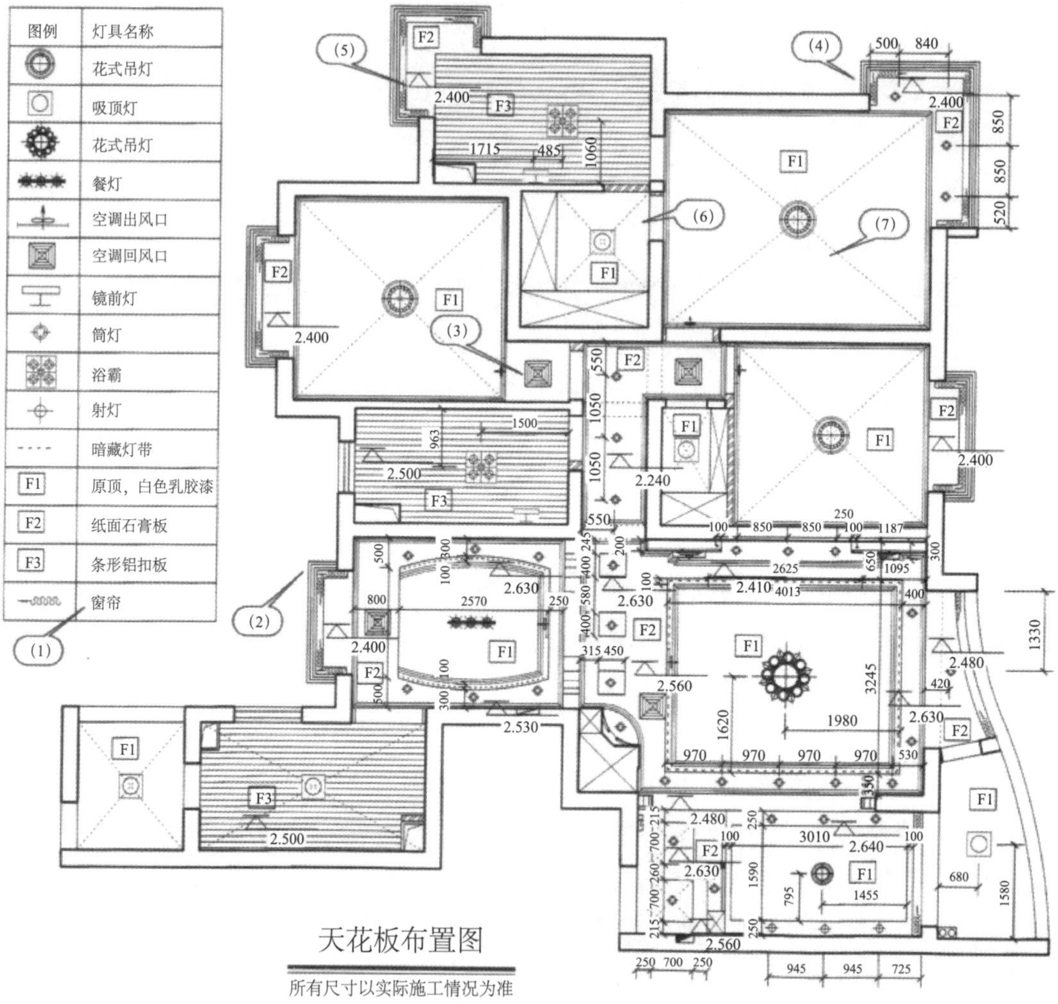

| 图例 | 灯具名称 |
|---|---|
| | 花式吊灯 |
| | 吸顶灯 |
| | 花式吊灯 |
| | 餐灯 |
| | 空调出风口 |
| | 空调回风口 |
| | 镜前灯 |
| | 筒灯 |
| | 浴霸 |
| | 射灯 |
| ---- | 暗藏灯带 |
| F1 | 原顶，白色乳胶漆 |
| F2 | 纸面石膏板 |
| F3 | 条形铝扣板 |
| | 窗帘 |

天花板布置图

所有尺寸以实际施工情况为准

图 1-3-23 天花布置图

## 2. 居住空间顶棚布置图的表示方法

1）反映吊顶的形状大小及结构。

2）反映吊顶的造型、材料名称、规格、工艺要求等。

3）反映吊顶窗帘、灯具的安装位置及形状。

4）标注必要的尺寸及标高。

5）标注附属设施，如空调口、烟感器、喷淋头等。

## 四、居住空间立面图设计

### （一）立面图

立面图是室内设计中不可缺少的主要设计图之一，主要表现地面、墙面、天花板等对象的构造样式、材料划分、搭配比例等。在绘制过程中需要标注灯具、给排水、电气线路等对象的位置、型号等。

绘制中还需要注意不要忽略立面图中的各种尺度表示，立面图主要反映墙面的装饰造型、饰面处理，以及剖切到的顶棚的断面形状、投影到的灯具或风管等内容。室内立面图常用的比例是 1∶50、1∶30，在这个比例范围内，基本可以清晰地表现室内立面上的形体，如图 1-3-24 所示。

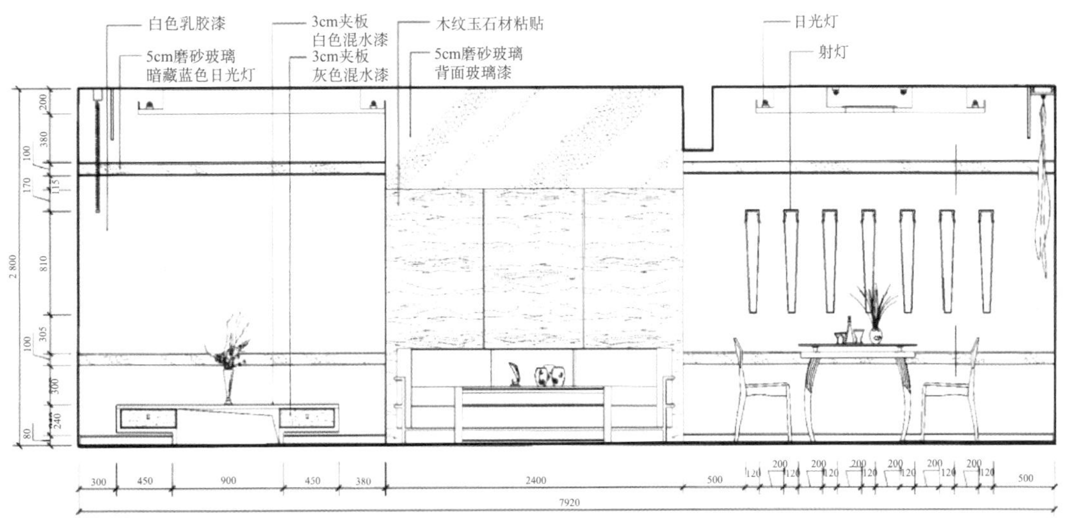


图 1-3-24 立面图 1

对于立面图的命名，可按平面图中轴线编号命名，如Ⓑ—Ⓓ立面图等；当平面图中无轴线标注时，也可按视向命名，在平面图中标注所视方向，如 A 立面图。

室内立面应按比例绘制，对需要详细表达的部位应画详图，线宽应与建筑立面图的线宽相同。定位轴线位置与标号应与室内平面图对应，应用文字说明所用材料名称、工艺做法及颜色规格，名称应根据平面图的内视符号的字母或编号而定，如 A 立面图；无关的墙断面可不画；圆形或多边形平面的建筑物，可分段展开绘制立面，但均应在图名后标注“展开”二字；吊顶轮廓线可根据具体情况只表达吊平顶或同时表达结构顶棚，如图 1-3-25 所示。

居住空间立面图的绘制步骤为：

1）确定图幅、比例。

2）画出立面轮廓线及主要分隔线。

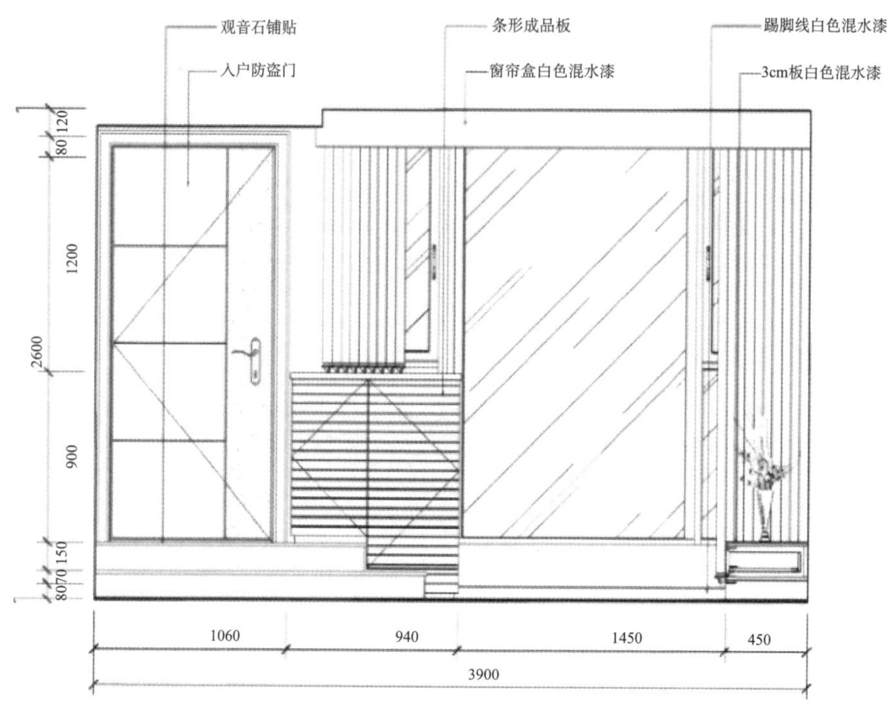


图 1-3-25　立面图 2

3）定门窗、家具、立面造型的位置。

4）深入细部作图。

5）标注尺寸和文字说明。

6）擦去多余线并按线宽要求加深图线。

## （二）剖面图

剖面图是假想用一个或多个垂直于建筑墙面轴线的剖切面，将房屋剖开，所得的投影图，其全称为建筑剖面图，简称剖面图。剖面图可以表示房屋内部的结构或构造形式、分层情况和各部位的联系、材料及高度等，是与平面图、立面图相互配合的不可缺少的重要图样之一。

剖面图的数量是根据室内设计的具体情况和施工实际需要而决定的。剖面图的图名应与平面图上所标注的剖切符号的编号一致，如 1-1 剖面图、2-2 剖面图等。剖面图中的断面、材料图例、粉刷面层和楼地面面层线的表示原则及方法，也应与平面图的处理相同。

### 1. 居住空间剖面图的绘制

剖面图是将装饰面（或装饰体）整体剖开（或局部剖开）后，得到的反映内部装饰结构与饰面材料之间关系的正投影图。一般采用 1：10～1：50 的比例，有时也画出主要

轮廓，标注尺寸及做法。剖切到的墙、柱等结构体的轮廓用粗实线表示，其他内容均用细实线表示。

### 2. 居住空间剖面图的表达内容

1）反映由顶至地连贯的被剖切面的造型。

2）反映粗至结构细至装饰层的施工构造方法及连接关系。

3）从剖面图中引出需进一步放大表达的节点详图，并标注索引编号。

4）注明结构体、剖面构造层及饰面层的材料图例、编号及说明。

5）注明剖面图所需的尺寸深度。

6）注明有关的施工要求。

7）注明剖面图号及比例。

居住空间剖面图示例，如图 1-3-26 所示。

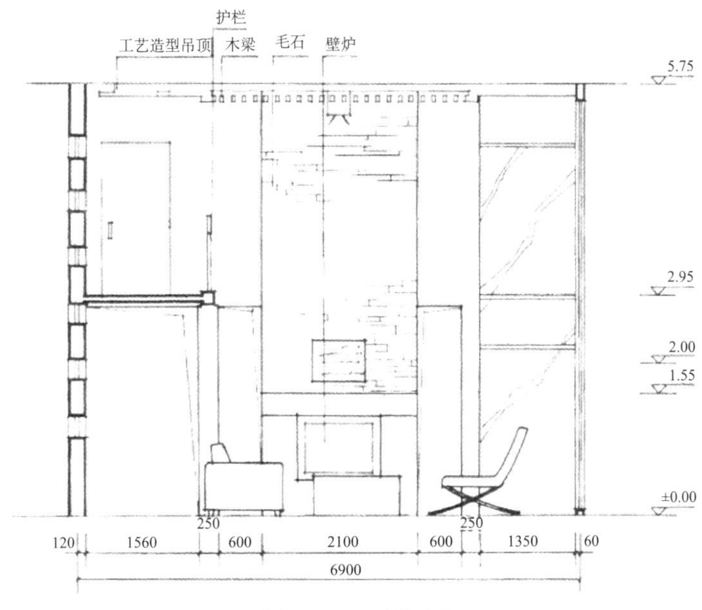


图 1-3-26　剖面图

## 能力训练

作业名称：绘制平面图或立面图。

作业形式：在 A3 的图纸上运用绘图工具制图，或使用计算机软件绘制平面图。

作业要求：要求居住空间图例运用合理，制图规范。

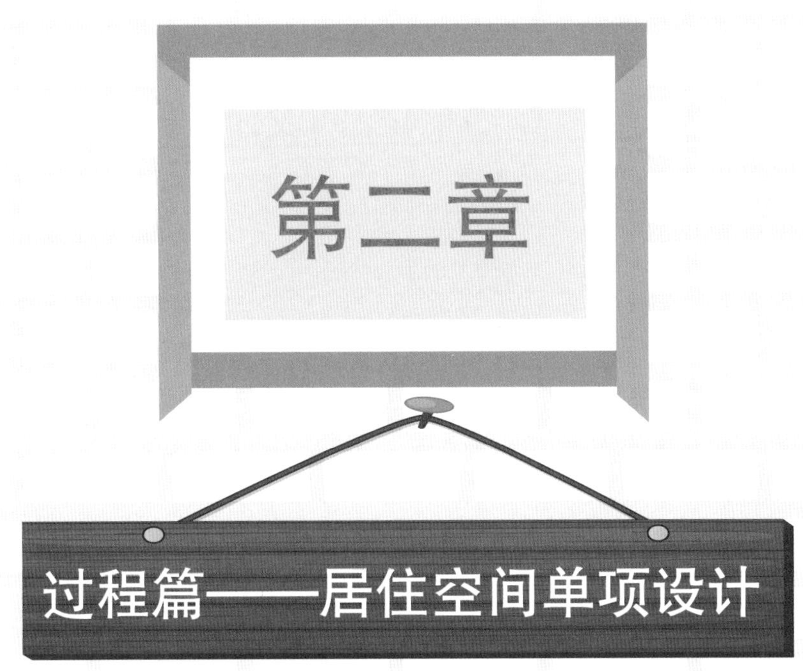

# 第二章

# 过程篇——居住空间单项设计

# 第一节 居住空间设计风格

本节概述

居住空间设计风格是建筑风格的延续，随着人们对居住环境个性化要求的越来越高，对装饰风格的追求日趋强烈，更多的装饰风格必将融入家居装饰设计中。

## 学习目的

通过本节的学习，学生应了解某些装饰风格的形成与发展及其对时下的风格设计的影响，掌握时下流行的设计风格。

风格即风度品格，它体现了创作中的艺术特色和个性。居住空间室内设计的风格属于室内环境中的艺术造型和精神功能范畴，往往和建筑及家具配饰的风格紧密结合，有时也以相应时期的绘画、文学、音乐等为渊源而相互影响。

居住空间室内设计风格的形成，是不同的时代思潮和地区特点的写照，是通过创作构思和表现，逐渐发展成的具有代表性的室内设计形式。一种典型的风格形式，通常和当地的人文因素及自然条件密切相关，需要靠创作中的构思和造型的特点来形成风格的外在和内在因素。风格虽然表现为形式，但具有艺术文化、社会发展等深刻的内涵。居住空间室内设计风格的定位受使用者的文化与艺术背景以及诸多的情感、品位等因素的影响，并不仅仅局限于一种形式表现和形成视觉上的感受。

## 一、中式风格

中式风格的构成主要体现在传统家具（多为明清风格家具）、装饰品以及以黑红为主的装饰色彩上。室内多采用对称式的布局方式，格调高雅，造型简朴优美，色彩浓重而成熟。中国传统室内陈设包括字画、匾幅、挂屏、盆景、瓷器、古玩、屏风、博古架等，追求一种修身养性的生活境界。中国传统室内装饰艺术的特点是总体布局对称均衡，端正稳健，而在装饰细节上崇尚自然情趣，富于变化，充分体现出中国传统美学的精神。

中式风格并非完全意义上的对明清的复古，而是指通过中式风格的特征，表达对清雅含蓄、端庄风华的东方式精神境界的追求，如图 2-1-1、图 2-1-2 所示。

图 2-1-1 客厅（中式风格）

图 2-1-2 卧室（中式风格）

近年来，一种叫作“新中式”的装饰风格逐渐受到人们的喜爱。新中式装饰材料以木质为主，讲究雕刻彩绘、造型典雅，多采用酸枝木或大叶檀等高档硬木，经过工艺大师的精雕细刻，每件作品都有一段精彩的故事，能令人对过去产生怀念，对未来产生一种美好的向往。色彩以沉稳的深色为主，再配以红色或黄色的靠垫、坐垫，就可烘托出居室的氛围，也可以更好地表现古典家具的内涵。

中式风格在空间上讲究层次，多用隔窗、屏风来分割，用实木做出结实的框架，以固定支架。中间用棂子雕花，做成古朴的图案。门窗对确定中式风格很重要，因中式门窗一般用棂子做成方格或其他中式的传统图案，用实木雕刻成各种题材和造型，打磨光滑，富有立体感。天花以木条相交成方格形，上覆木板，也可做简单的环形灯池吊顶，用实木做框，漆成花梨木色，显得层次清晰。

家具陈设讲究对称，重视文化意蕴；配饰用字画、古玩、卷轴、盆景以及精致的工艺品加以点缀，更显主人的品位与尊贵，壁挂以木雕画为主，更彰显文化韵味和独特风格，体现中国传统家居文化的独特魅力。如图 2-1-3、图 2-1-4 所示。

## 二、欧式风格

欧式风格豪华、大气、奢侈，具有欧洲传统艺术文化特色。典雅的古代风格，别致的中世纪风格，神圣庄严的哥特式风格，富丽的文艺复兴风格，浪漫的巴洛克、洛可可风格，庞贝式、帝政式的新古典风格，淳朴的地中海风格，分别在欧洲各个时期、各个地域有着精彩的演绎。

图 2-1-3　客厅 1（新中式风格）

图 2-1-4　客厅 2（新中式风格）

欧式风格强调以华丽的装饰、浓烈的色彩、精美的造型达到雍容华贵的装饰效果。欧式设计中，客厅顶部多用大型灯池，并用华丽的枝形吊灯营造气氛。门窗上半部多做成圆弧形，并带有花纹的石线勾边。入口门厅处多竖起两根豪华的罗马柱，室内则多有真正的壁炉或壁炉造型的装饰。

墙面多用壁纸，或者选用优质乳胶漆，以烘托豪华效果。地面材料多选用石材。欧式客厅非常强调用家具和软装饰来营造整体效果。深色的橡木或枫木家具，色彩鲜艳的布艺沙发，都是欧式客厅里的主角。浪漫的罗马帘、精美的油画、制作精良的雕塑工艺品，也是欧式风格不可缺少的元素。值得注意的一点是，欧式风格设计在面积较大的空间内会达到更好的效果。如图 2-1-5、图 2-1-6 所示。

图 2-1-5　客厅（欧式风格）

图 2-1-6　餐厅（欧式风格）

## 三、简欧风格

简欧风格，也称现代欧式风格，是欧式风格的一种。从其字义上分析，简欧就是简化了的欧式装修风格。纯正的古典欧式风格适用于大空间，在中等或较小的空间里容易给人造成一种压抑的感觉，简欧风格则无这一缺点。简欧风格的清新也更符合中国人内敛的审美观念。简欧风格多以象牙白为主色调，浅色为主，深色为辅。简欧风格在目前的别墅装

修中十分受欢迎。

简欧风格摒弃了过于复杂的肌理和装饰，简化了线条，对称性较强，造型上注重圆和方，材料使用精细。如图 2-1-7、图 2-1-8 所示。

图 2-1-7　客厅（简欧风格）

图 2-1-8　卧室（简欧风格）

## 四、现代风格

现代风格即现代主义风格。现代主义也称功能主义，强调以功能为设计的中心和目的。它是工业社会的产物，起源于 1919 年的包豪斯学派，并将现代抽象艺术的创作思想及成果引入室内装饰设计中。现代主义风格提倡突破传统，强调各功能空间之间的逻辑关系；注重发挥结构本身的形式美，造型简洁，反对多余装饰，崇尚合理的构成工艺；尊重材料的特性，讲究材料自身的质地和色彩的配置效果；强调设计与工业生产的联系。概括简朴、抽象灵活、简约清新、实用通俗、色彩跳跃，更接近人们的生活，是现代风格的突出特征。现今，广义的现代风格也泛指造型简洁新颖、具有当今时代感的建筑形象和室内环境。如图 2-1-9、图 2-1-10 所示。

图 2-1-9　卧室（现代风格）

图 2-1-10　餐厅（现代风格）

## 五、现代简约风格

很多人把现代简约风格误认为是“简单＋节约”，结果做出了造型简陋、工艺简单的伪简约设计。其实，现代简约风格非常讲究材料的质地和室内空间的通透性。一般其室内墙面、地面及顶棚和家具陈设，乃至灯具、器皿均以简洁的造型、纯洁的质地为特征，尽可能不用装饰并取消多余的东西。现代简约风格设计师认为任何复杂的设计、没有实用价值的特殊部件及装饰都会增加建筑造价，强调形式应更多地服务于功能。现代简约风格的室内布置常选用设计简洁的家具和日用品，多采用玻璃、金属等材料。对于不少青年人来说，事业的压力、烦琐的应酬让他们需要一个更为简单的环境，以便给自己的身心一个放松的空间。如图 2-1-11、图 2-1-12 所示。

图 2-1-11　客厅 1（现代简约风格）

图 2-1-12　客厅 2（现代简约风格）

## 六、田园风格

田园风格使大量木材、石材、竹器等自然材料得到应用，自然物、自然情趣能够直接体现主题。室内环境的“原始化”“返璞归真”的心态和氛围，体现了田园风格的自然特征。

回归自然，不精雕细琢是田园风格倡导的设计理念，美学上推崇“自然美”。田园风格设计师认为只有崇尚自然、结合自然，才能在当今高科技、快节奏的社会生活中获取生理和心理的平衡。因此，田园风格力求表现悠闲、舒畅、自然的田园生活情趣。在田园风格里，粗糙和破损是允许的，因为只有那样才更接近自然。田园风格的用料崇尚天然材质，如木、石、藤、竹等。

现代人对阳光，空气和水等自然环境的强烈回归意识以及对乡土的眷恋，使其将思乡之物、恋土之情倾注在室内环境空间、界面处理、家具陈设以及各种装饰要素之中。这种设计得到了很多文人雅士的推崇。如图 2-1-13、图 2-1-14 所示。

图 2-1-13　卧室（田园风格）

图 2-1-14　客厅（田园风格）

## 七、自然主义风格

自然主义风格是 20 世纪 90 年代开始兴起的装饰热潮。在当今高科技、快节奏的社会生活中，人们为了获得生理和心理的平衡，渴望回归自然的居住环境，这种回归自然的趋势反映在室内设计活动中，就是经常运用天然的木、石、藤、竹等材质的质朴纹理，再配以精心设置的室内绿化，力求表现出悠闲、舒畅、自然的田园生活情趣。自然主义风格倡导的不是简单地摆放植物来体现自然的元素，而是以空间本身、界面环境的设计乃至风格意境中所流淌出来的最原始的自然气息来阐释风格的特质。

自然主义风格起源于 19 世纪末英国工艺美术运动时期，在形式上强调藤、昆虫等自然造型。20 世纪初的美国，以赖特建筑为代表的一批草原风格的别墅成为当时的主流，他们选择自然材质并强调室内外相结合的设计，对自然主义风格进行了重新诠释。自然主义风格在现代简约的基础上更多地应用自然材料，如原木、石材、板岩等。无论方式还是手段，无论材料还是技术，“回归”都是永远的主旋律。

原始粗犷的古朴质感配合现代风格的冰冷凛冽，自然主义以质朴又变化无穷的姿态注入当代生活之中。随着生活节奏的加快，人们渴望回归自然的心理日益迫切。于是，自然主义成了人们心中放松与回归的代名词，它给人以自由清新的感觉。采用这种风格的居室设计，让人有种把家轻轻放在大自然中，所有的疲惫和倦怠都会烟消云散的感觉。

因此，自然主义风格在国外成为一些郊区和乡村别墅设计的不二之选。在国内，郊外别墅及大户型公寓也多采用自然主义风格，它是追求自然、享受自然的人士的最佳选择。色彩多选用纯正天然的色彩，如矿物质的颜色；材料的质地较粗糙，并有明显、纯正的肌理纹路。如图 2-1-15、图 2-1-16 所示。

图 2-1-15　客厅 + 餐厅空间（自然主义风格）

图 2-1-16　客厅（自然主义风格）

## 八、地中海风格

地中海风格具有独特的美学特点，它一般选择自然的柔和色彩，在组合设计上注意空间层次，充分利用每一寸空间，集装饰与应用于一体。在组合搭配上避免琐碎，显得大方、自然，散发出极具亲和力的田园气息；其特有的罗马柱般的装饰线简洁明快，流露出古老的文明气息。在色彩运用上，地中海风格常选择柔和高雅的浅色调，以映射出它田园风格的本义。地中海风格多用有着古老历史的拱形玻璃，采用柔和的光线，加之原木的家具，用现代工艺呈现别有情趣的乡土格调。自然的柔和色彩、开放式的自由空间、古老高雅的田园气息是其主要特点。如图 2-1-17、图 2-1-18 所示。

图 2-1-17　客厅（地中海风格）

图 2-1-18　餐厅（地中海风格）

## 九、波希米亚风格

波希米亚（Bohemian），原意指豪放的波希米亚人和颓废派的文化人。追求自由的波希米亚人，在浪迹天涯的旅途中形成了自己的生活哲学，穿衣风格也自然混杂了所经

之地各民族的影子：印度的刺绣亮片、西班牙的层叠波浪裙、摩洛哥的皮流苏、北非的串珠等。这些全都熔于一炉，杂糅成一种令人耳目一新的“异域”感。波希米亚风格代表一种前所未有的浪漫化、民俗化和自由化，不仅具有流苏、褶皱、大摆裙的特色，更成了居住空间设计的一种风格，其特点是自由洒脱、热情奔放、流浪颓废和放荡不羁。如图 2-1-19、图 2-1-20 所示。

图 2-1-19　客厅 1（波希米亚风格）

图 2-1-20　客厅 2（波希米亚风格）

### 能力训练

作业名称：完成一次自定风格的设计。

作业形式：以平面图、立面图、剖面图等设计表现所选风格。

作业要求：手绘和电脑效果图均可。

## 第二节　居住空间功能区设计

### 本节概述

居住空间的功能设计，一是室内空间的构建，二是对具体使用空间中的各种功能进行设计。

## 学习目的

通过本节的学习，学生应了解居住空间功能设置的类型及怎样进行功能设计。

## 一、室内空间构建

室内空间构建是根据人们日常起居及活动的需要而进行的居住空间的限定与组织，确定其功能空间，如起居室、餐厅、厨房、卧室、书房、卫生间等不同性质的空间。居住空间根据各空间的功能性质可分为公共活动空间、私密性空间和家务活动空间。

### 1. 公共活动空间

公共活动空间是一个家庭娱乐、亲友日常交流聚会的空间，是指因家庭公共活动需要而产生的综合活动场所。活动主要包括聚谈、视听、阅读、用餐、户外活动、娱乐及儿童游戏等内容。公共活动空间既是家庭生活聚集的中心，也是家庭和外界交流的场所，传达着主人的品位与内涵。

### 2. 私密性空间

私密性空间是为家庭成员独自进行私密行为所设计、提供的空间，主要包括卧室、书房、浴室等，是供人休息、睡眠、梳妆、更衣、淋浴等活动的空间。

### 3. 家务活动空间

家务活动空间是为完成家务，如清洁、烹饪、洗衣等活动所需的空间。设计师在设计时若考虑不够周全，将给居住者增加家务负担。因此，设计师应合理完善工作流程及操作空间，提高工作效率，给居住者带来愉快的心情。家务活动以准备膳食、洗涤餐具、清洗衣物、清洁、修理设备为主要范围，它所需要的设备包括厨房、操作台、清洁机及用于存储的设备。

## 二、玄关

### （一）玄关的概念

玄关专指住宅与室外之间的一个过渡空间，也就是进入室内换鞋更衣或从室内去室外的缓冲空间，也有人把它叫作斗室、过厅、门厅。玄关在住宅中虽然面积不大，但使用频率较高，是进出住宅的必经之处。

玄关的概念源于中国，过去中式民宅推门而见的“影壁”或称“照壁”，就是现代家

居中玄关的前身。中国传统文化及中式礼仪讲究含蓄内敛，有一种“藏”的精神。体现在住宅文化上，“影壁”就是一个生动写照，不但使外人不能直接看到宅内人的活动，而且在门前形成一个过渡空间，既为来客指引了方向，也给主人一种领域感。

玄关既是客厅与出入口处的缓冲，也是居家给人“第一印象”的制造点，是反映主人文化气质的“脸面”。因此，不要单单只重视客厅的装饰和布置，而忽略对玄关的设计。其实，在房间的整体设计中，玄关既有很好的使用功能，又有较高的美化作用。玄关一般与客厅相连，由于功能不同，需调度装饰手段加以分割。如图 2-2-1、图 2-2-2 所示。

图 2-2-1　玄关设计 1

图 2-2-2　玄关设计 2

### （二）玄关的设计

一般来说，玄关是一进门就看到的一个独立空间。它与屋内的其余空间隔开，一方面能够增强私密性，另一方面可以从采光通风、应用合理的角度来设计空间。玄关不宜太狭窄，一般不小于 1200mm，不宜太阴暗、杂乱等。从传统上来讲，要有一个放雨伞、挂雨衣、换鞋、放包的地方。因此，出现在这个地方的布置物件也不少，如鞋柜、衣帽柜、镜子、小坐凳、古董摆设、挂画等。装饰通常采用屏风、帘子、柜子等简易家具来布置。

设计玄关常采用的材料有木材、夹板贴面、雕塑玻璃、喷砂彩绘玻璃、镶嵌玻璃、玻璃砖、镜屏、不锈钢、花岗岩、塑胶饰面材以及壁毯、壁纸等。

### （三）主要家具及陈设

#### 1. 鞋柜

玄关处最常见的家具就是鞋柜，它能够方便主人、客人在此换鞋。传统文化中，鞋柜的设置很有讲究。首先，鞋柜不宜太高，鞋柜的高度不宜超过户主身高。鞋柜的面积宜小不宜大，鞋子宜藏不宜露。在鞋柜的内部，层架要设计成倾斜式，摆放鞋子入内时，鞋头要向上，有步步高升的寓意。鞋柜内还要设法阻止异味向四周扩散。此外，鞋柜在玄关处的位置宜侧不宜中，即鞋柜不宜摆放在玄关墙面的正中位置，应离开玄关的焦点。如图 2-2-3、图 2-2-4 所示。

图 2-2-3 鞋柜设计 1

图 2-2-4 鞋柜设计 2

2. 镜子

镜子也是玄关处比较常见的物品。如果玄关空间较小，一般在侧对门的位置安置入墙镜，以扩展视野空间。有时，为了加强入墙镜的装饰，在镜前放一张小茶几，放一盆绿色植物，便可将自然界的勃勃生机引入室内。不过镜子的位置很有讲究，要特别注意镜子不能正对大门。如图 2-2-5、图 2-2-6 所示。

图 2-2-5 镜子设计 1

图 2-2-6 镜子设计 2

## （四）玄关设计的主要方式

### 1. 低柜隔断式

低柜隔断式即以低形矮台来限定空间，以低柜式成型家具做隔断体，既可储放物品，又起到划分空间的作用。

### 2. 玻璃通透式

玻璃通透式即以大屏玻璃作装饰遮隔，或在夹板贴面旁嵌饰喷砂玻璃、压花玻璃等通透的材料，这样既可以分隔大空间，又能保持整体空间的完整性，如图 2-2-7 所示。

### 3. 格栅围屏式

格栅围屏式主要是以带有不同花格图案的镂空木格栅屏作隔断，既有古朴雅致的风韵，又能产生通透与隐隔的互补作用，如图 2-2-8 所示。

图 2-2-7　玄关设计（玻璃通透式）　　图 2-2-8　玄关设计（格栅围屏式）

### 4. 半敞半蔽式

半敞半蔽式即隔断下部为完全遮蔽式设计，隔断两侧隐蔽无法通透，上端敞开，贯通彼此相连的顶棚。半敞半蔽式的隔断高度大多为 1500mm，此设计通过线条的凹凸变化、墙面挂置壁饰或采用浮雕等装饰物的手段，达到浓厚的艺术效果，如图 2-2-9 所示。

### 5. 柜架式

柜架式就是半柜半架式，柜架的上半部为通透格架装饰，下半部为柜体。它或以左右对称的形式设置柜件，使中部通透；或用不规则手段，让虚实聚散、互相融合；或以镜面挑空和贯通等多种艺术形式进行综合设计，最终能够达到美化与实用并举的目的，如图 2-2-10 所示。

图 2-2-9　玄关设计（半敞半蔽式）

图 2-2-10　玄关设计（柜架式）

## （五）玄关材料的应用

### 1. 地面材料

玄关需要保持清洁，一般采用大理石或地面砖。在设计上，为了美观，也可以将玄关的地坪与客厅区分开来，自成一体。可选用磨光大理石拼花，或用图案各异、镜面抛光的地砖拼花，或者用复合地板。地面设计需遵循易清洁、耐用、美观的原则，如图 2-2-11 所示。

### 2. 顶面材料

玄关的吊顶可以是曲线、几何体或者木格架等，并搭配一些挂饰，还要考虑与客厅的吊顶相结合，以达到简洁、统一、兼具个性的效果，如图 2-2-12 所示。

图 2-2-11　玄关地面铺装

图 2-2-12　玄关顶面设计

3. 墙面材料

墙面材料是整个玄关的整体，在搭配上讲究下实上虚，以达到整体的过渡性效果。墙体的下部宜选用厚重的木质材料或者贴深色的面砖，制造纹路及凹凸变化的线条效果，或者采用浮雕布置，制造浓厚的艺术效果；墙体的上部是通透的效果，各种艺术玻璃、磨砂玻璃制品都是较好的选择。另外，玄关最好有一个厚度以表现下部沉稳的感觉，除了用板材制作的鞋柜外，还可以用空心玻璃砖等块状透明装饰材料砌筑一面墙体，既厚重又通透，并且这类材料都有多种颜色和花纹，搭配起来比较容易，可以很好地彰显个性。

## 三、客厅

客厅作为家庭生活活动的区域之一，具有多种功能，在人们的日常生活中是使用最为频繁的。它集聚了活动、休闲、团聚、游戏、娱乐、进餐等功能，是接待客人、对外联系交往的社交活动空间。客厅应该具有较大的面积，同时要有较为充足的采光和合理的照明。客厅是住宅的中心空间和对外的一个窗口，作为整间屋子的中心，它往往被主人列为重中之重，通常会精心设计，精选材料，以充分体现主人的品位。

### （一）客厅的功能

1. 家庭聚谈休闲

客厅首先是家庭团聚交流的场所，这也是客厅的核心功能，往往通过一组沙发或座椅的巧妙围合形成一个适宜交流的场所。场所的位置一般位于客厅的几何中心处，以象征此区域在居室的中心位置。家庭的团聚多围绕电视机展开休闲、饮茶、谈天等活动，从而形成一种亲切而热烈的氛围，如图 2-2-13 所示。

2. 会客

客厅往往是一个家庭对外交流的场所，是一个家庭对外的窗口。因此，其在布局上要符合会客的要求，在形式上要营造适宜的气氛，同时要表现出家庭及主人的品位，以便达到对外展示的效果。在我国传统住宅中，会客区域是方向感较强的矩形空间，视觉中心是中堂画和八仙桌，主客分列八仙桌两侧。而现代会客空间的分割则要自由得多，它位置随意，既可以和家庭聚谈空间合二为一，也可以单独形成亲切会客的小场所。围绕会客空间可以设置一些艺术灯具、花卉、艺术品以调节气氛，如图 2-2-14 所示。

3. 视听

听音乐和观看表演是人们生活中不可缺少的部分。西方传统住宅的客厅往往会给钢琴留出位置，而我国传统住宅的堂屋往往有听曲看戏的功能。而现代视听装置的出现对其位置、布局以及与家居的关系提出了更加精密的要求。电视机的位置与沙发座椅的摆放要吻合，以便坐着的人都能看到电视画面。另外，电视机的位置和窗的位置有关，要避免逆光以及外部景观在屏幕上形成的反光对观看质量产生影响。音响设备的质量以及最终形成的室内听觉质量的高低也是衡量室内设计成功与否的重要标准。音箱的摆放关乎最终的听觉质量，因此布置音箱时要使传出的声音具有动态和立体的效果。

图 2-2-13　客厅休闲功能

图 2-2-14　客厅会客功能

4. 娱乐

客厅中的娱乐活动主要包括棋牌、卡拉 OK、弹琴、游戏等。根据主人的不同爱好，应当在布局时考虑娱乐区域的划分，根据每一种娱乐项目的特点，以不同的家具布置来满足娱乐功能要求。例如卡拉 OK 的布置，可以根据实际情况或单独设立沙发、电视，也可以与会客区域融为一体，使空间具备多功能的性质。而棋牌娱乐则需要有专门的牌桌和座椅，对灯光照明也有一定的要求，根据实际情况也可以处理成和餐桌餐椅结合的形式。游戏的情况则较为复杂，应视具体种类来决定它区域的位置以及面积大小。有些游戏可以利用电视来玩，那么聚谈空间就可以兼作游戏空间；有些大型的玩具，则需要较大的空间来布置。

5. 阅读

在家庭的休闲活动中，阅读占有相当大的比重，以一种轻松的心态去浏览报纸、杂志或小说对许多人来讲是一件愉快的事情。这些活动没有明确的目的性，时间上很随意、很自在，因而也不一定在书房中进行。这部分区域在客厅中存在，但其位置不固定，往往随时间而变动。例如白天人们喜欢在有阳光的地方阅读，晚上希望在台灯或落地灯旁阅读。阅读区域虽说有其变化的一面，但其对照明的要求、座椅的要求以及存书设施的要求也是有一定规律的，设计师必须准确地把握分寸。

## （二）客厅的设计原则

### 1. 风格明确

客厅是家庭住宅的核心区域，面积较大，空间是开放性的，地位也最高。它的风格基调往往是家居格调的主脉，引领着整个居室的风格。因此，确定好客厅的装修风格十分重要。可以根据主人的喜好选择传统风格、现代风格、混搭风格，中式风格或西式风格等。客厅的风格可以通过多种手法来实现，包括吊顶设计、灯光设计以及后期的配饰，其中色彩的不同运用更适合表现客厅的不同风格，突出空间感。如图 2-2-15 和图 2-2-16 所示。

图 2-2-15　新中式客厅设计

图 2-2-16　欧式客厅设计

### 2. 个性鲜明

在不同的客厅装修中，每一个细小的差别往往能折射出主人的人生观及修养、品位，因此设计客厅时既要用心，又要有匠心。个性可以通过装修材料、装修手段的选择及家具的摆放来表现，但更多的是通过配饰等软装饰来表现，如工艺品、字画、靠垫、布艺、小饰品等，这些更能展示主人的修养（见图 2-2-17）。

### 3. 分区合理

客厅要实用，就必须根据自己的需要进行合理的功能分区（见图 2-2-18）。如果家里人看电视的时间非常多，那么就可以以视听柜为中心来确定沙发的位置和走向；如果不常看电视，客人又多，则完全可以以会客区作为客厅的中心。

客厅的区域划分可以采用“软性划分”和“硬性划分”两种办法。“软性划分”是指用“暗示法”塑造空间，利用不同的装修材料、装饰手法、特色家具、灯光造型等来划分。比如通过吊顶从上部空间将会客区与就餐区划分开来，在地面上可以通过不同的铺装方式把各个区域划分开来。家具的陈设方式也可以分为两类，即规则式和自由式。小空间的家具布置以集中为主，大空间则以分散为主。“硬性划分”是指把空间分成相对封闭的几个区域来实现不同的功能，主要是通过隔断和家具的布置等方式，从大空间中独立出一些小空间来。

图 2-2-17　客厅设计个性鲜明

图 2-2-18　客厅设计分区合理

### 4. 重点突出

客厅有顶面、地面及立面。因为视角的关系，墙面理所当然地成为重点。但是四面墙的设计也不能平均用力，应确立一面主题墙。主题墙是指客厅中最引人注目的一面墙，一般是电视和音响背靠的那面墙。在主题墙上，可以运用各种装饰材料做一些造型，以突出整个客厅的装饰风格。主题墙是客厅设计的“点睛之笔”。有了这个重点，其他三面墙就可以简单一些。如果都做成主题墙，就会给人杂乱无章的感觉。顶面与地面是两个水平面，顶面在上方，对它的处理对整体空间起决定性的作用，对空间的影响比地面显著。地面通常是最先引起人们注意的部分，其色彩、质地和图案能直接影响室内观感。

### 5. 交通组织合理

客厅在位置上是家居生活的中心地带，在交通上则是住宅交通体系的枢纽，客厅常和户内的过厅、过道以及各房间的门相连，而且常采用穿套形式。如果设计不当，就会造成过多的斜穿流线，使客厅的空间完整性和安定性遭到极大的破坏。因而在进行设计时，尤其在布局阶段一定要注意对室内动线的研究，要避免斜穿和室内交通路线太长。措施之一是对原有的建筑布局进行适当的调整，如调整门的位置，或者是利用家具布置来巧妙围合、分割空间，以保持区域空间的完整性。

### 6. 通风与采光良好

要保持良好的室内环境，除视觉美观以外，还要给居住者提供洁净、清晰、有益健康的室内空间环境。保证室内空气流通是实现这一要求的必要手段。空气流通分两种：一种是自然通风，另一种是机械通风。机械通风是对自然通风不足的一种补偿。客厅也是室内自然通风的中枢，因而在进行室内布置时，不宜削弱此种作用，尤其是在隔断、屏风的位置选择上，应考虑其尺寸和位置，以不影响空气的流通为原则。在机械通风的情况下，也要注意因家具布置不当而形成的死角对空调功效的影响。此外，客厅应保证良好的日照，

并尽可能选择室外景观较好的位置，这样不仅可以充分享受大自然的美景，更可感受视觉与空间效果上的舒适与伸展。

总之，在满足客厅多功能需要的同时，应注意整个客厅的协调统一；各个功能区域的局部美化装饰应服从整体的视觉美感。要做到舒适方便、热情亲切、丰富充实，使人有温馨祥和的感觉。

### （三）客厅的设计与布置

客厅的家具应根据活动和功能性质来布置，其中最基本也是最低限度的要求是设计包括茶几在内的一组供休息、谈话使用的座位（一般为沙发），以及相应的诸如电视、音响设备、书报、影视资料等。此外，要根据客厅的单一或复杂程度，增添相应的家具设备。多功能组合家具能存放多种多样的物品，常为客厅所采用。整个家居布置应做到简洁大方，突出以谈话区为中心的重点，这样才能体现客厅的特点。一个房间的使用功能是否专一，在一定程度上体现着生活水平的高低，并从家具的布置上首先反映出来。客厅的布置形式多样，一般以长沙发为主，排成 L 形、C 形、“一”字形或双排形，同时应考虑多座位与单座位相结合，以迎合不同情况下人们的心理需要和个性要求。

现代家具类型众多，可按不同风格采用对称型、曲线型或自由组合型等布置形式。不论采用何种方式布置座位，均应以有利于彼此谈话为原则。一般而言，谈话者以双方对坐或侧对坐为宜，座位之间的距离一般保持 2m 左右，这样的距离才能使谈话双方不费力。为了避免对谈话区的各种干扰，室内交通路线不应穿越谈话区，门的位置宜偏于室内短边墙面或角隅，谈话区最好位于室内一角或尽端，以便有足够的实体墙面布置家具，形成一个相对完整的独立空间区域。

### （四）客厅沙发的布置形式

#### 1. L 形布置

L 形布置是指沿两面相邻的墙面布置沙发，其平面呈 L 形。此种布置大方、直率，可在对面设置视听柜或放置一幅整墙大的壁画，是很常见且较合时宜的布置形式，如图 2-2-19 所示。

#### 2. C 形布置

C 形布置是指将三组沙发分散布置成 C 形，中间放一茶几。此种布置入座方便，交谈容易，视线能顾及一切，对于热衷社交的家庭来说是非常适合的，如图 2-2-20 所示。

图 2-2-19　L 形布置

图 2-2-20　C 形布置

3. 对称式布置

对称式布置类似中国传统的布置形式，气氛庄重，位置层次感强，适用于较严谨的家庭，如图 2-2-21 所示。

4. “一”字形布置

“一”字形布置比较常见，沙发沿一面墙摆开呈“一”字形，前面摆放茶几，起居室较小的家庭可采用此种形式，如图 2-2-22 所示。

图 2-2-21　对称式布置

图 2-2-22　“一”字形布置

5. 四方形布置

四方形布置适用于喜欢下棋、打牌的家庭，游戏者可各据一方，爱玩的家庭可采用类似布置形式，如图 2-2-23 所示。

6. 地台式布置

地台式布置利用地台和下沉的地坪，不设具体座椅，只用靠垫来调节座位，松紧随意，十分自在。地台也有临时睡床等多种用途，是一种颇为别致的布置类型，如图 2-2-24 所示。

以上这些布置形式不是一成不变的，可以根据需要做适当的调整和改变。另外，会客区除沙发、茶几外，还可设置储藏柜、装饰柜等家具。这些家具可以是单件的，也可以是组合式的；可以是低矮的，也可以是壁挂的。

图 2-2-23　四方形布置

图 2-2-24　地台式布置

## 四、卧室

人类生命过程的 1/3，是在睡眠中度过的。卧室是供人们休息和睡眠的场所。卧室的设计必须力求隐秘、恬静、舒适、便利、健康，在此基础上寻求温馨的氛围与优美的格调，以求让居住者充分释放自我、身心愉悦。卧室是私密性很强的空间，其设计可完全依从房主的意愿，不必像客厅等公共空间那样。设计时要考虑防潮要求、隔音要求、休闲要求、私密要求以及储存要求等。如图 2-2-25 和图 2-2-26 所示。

图 2-2-25　卧室设计 1

图 2-2-26　卧室设计 2

### （一）卧室的功能

在卧室内一般应设置满足主人视听、阅读、储藏等主要需求的区域。在布置时可根据主人在休息方面的具体要求，选择适宜的空间区位，配以家具与必要的设备。

#### 1. 梳妆

一般围绕梳妆这一活动进行设计，可按照空间情况及个人喜好分别采用活动式、组合式或嵌入式的梳妆家具。

#### 2. 更衣

更衣是卧室活动的主要组成部分，在居住条件允许的情况下可设置独立的更衣区域，在空间受限制时，也可以在适宜的位置设立简单的更衣区域。

3. 储藏

卧室储藏物多以衣物、被褥为主，一般来说，嵌入式的壁柜系统较为理想，这既有利于增强卧室的储藏功能，也可根据实际需要，设置容量与功能较为完善的其他形式的储藏家具或单独的储藏空间。如图 2-2-27 所示。

4. 盥洗

卧室的卫生区主要是指浴室，最理想的状况是主卧室设有专用的浴室及盥洗设施，如图 2-2-28 所示。

主卧室的布置应达到隐秘、宁静、便利、合理、舒适和健康等要求。在充分表现个性色彩的基础上，营造出优美的格调与温馨的气氛，使主人在优雅的生活环境中得到充分的放松和休息。

图 2-2-27　卧室储藏功能

图 2-2-28　卧室盥洗功能

## （二）卧室的种类

1. 主卧

主卧是供主人居住、休寝的空间。要求具备私密性、安宁感并能让人拥有心理安全感。在设计上，应营造出一种宁静安逸的氛围，并注重主人的个性与品位的表现。在功能上，主卧是具有睡眠、休闲、梳妆、更衣、储藏、盥洗等综合实用功能的活动空间。

2. 客卧及保姆房

客卧及保姆房一般要求简洁大方、具备常用的生活条件，如床、衣柜及办公陈列台等。大多布置得灵活多样，适用于不同需求。

3. 儿童房

儿童房相对主卧而言可称为次卧，是儿女成长与发展的私密空间，在设计上应充分照顾儿女的年龄、性别与性格等个性因素。孩子在成长的不同阶段，对居室空间的使用要求不同。根据年龄段以及使用要求的不同，儿童房可以分为三个时期：婴幼儿期（0～6 岁）、童年期（7～13 岁）和青少年期（14～17 岁）。

（1）婴幼儿期卧室

婴幼儿期指的是 0～6 岁年龄段，我们可以把这段时期分为两个阶段：0～3 岁期和 3～6 岁期。0～3 岁期的婴幼儿对空间的要求很小，可在主卧设育婴区或单独设育婴室。单独的房间最好靠近照看者的房间。该室以卫生、安全为最高原则，室内可以配置婴儿床、器皿橱柜、安全椅，以及简单的玩具和一小块游戏场所。如图 2-2-29 示。

3～6 岁期的幼儿属于学龄前期，他们的活动能力增强，活动内容也增多，这个时期的他们需要一个独立的空间，需要符合其身高体形的桌椅和衣柜等。这个时期的设计还应考虑充分的阳光、新鲜的空气、适宜的室温要求；可布置有幻想性、创造性的游戏活动区域；而房间颜色的选择可以大胆一些，如采用对比强烈、鲜艳的颜色，可充分满足孩子的好奇心与想象力。

（2）童年期卧室

童年期指的是 7～13 岁的年龄段，属于小学阶段。在这一时期，学习和游戏是孩子生活中很重要的内容，因而童年期卧室应具备休息、学习、游戏以及交际的功能。在有条件的情况下，可依据孩子的性别与兴趣特点，设立手工制作台、实验台、饲养角及用于女孩梳妆等方面的家具设施，使他们在完善合理的环境中实现充分的自我发展。随着年龄的增长，他们对空间面积和私密性的要求越来越高。这个时期卧室的设计需考虑孩子的学习特点，并重视游戏活动的配合，可用活泼的暗示形式，引导孩子的兴趣，培养他们的创造能力，激励他们积极进取。如图 2-2-30 所示。

图 2-2-29　婴幼儿期卧室

图 2-2-30　童年期卧室

（3）青少年期卧室

青少年期指的是 14～17 岁的年龄段，属于中学期。这个时期的孩子具有独立的人格和独立的交往群体，他们对自己房间的安排有独立的主见，同时，他们对空间功能的需求除了休息、学习之外，还有待客。青少年期卧室要突出个性，可根据其年龄、性别的不同，在满足房间基本功能的基础上，留更多、更大的空间给他们，使他们将自己喜爱的任何装饰物按自己的喜好任意地摆放或取舍。这正是一个有心事的年龄阶段，他们需要一个比“幼儿期”更为专业与固定的游戏平台——书桌与书架。他们既可利用它满足学习的需要，又可以利用它保守个人的隐私与小秘密。这个时期卧室的设计需考虑儿童身心发展快速但未真正成熟的特点。他们纯真活泼、富于理想，热情与鲁莽兼有，且易冲动，因此学习、休闲皆需重视，设计应以陶冶情操为重点。如图 2-2-31 和图 2-2-32 所示。

图 2-2-31　青少年期卧室 1

图 2-2-32　青少年期卧室 2

4. 老人房

老人房的设计一般以实用、怀旧为主，以便最大限度地满足老人的睡眠及储物需求。老年期是对睡眠要求最多的时期，经过日月的洗礼，这一年龄段的人最重视睡眠质量，而对房间的装饰是否时尚已不再追求，对他们而言，卧室应是生活的避风港与补给站。

（1）装修材料重功能：隔音、防滑、平整

有时候即使是一些音量很小的音乐，对老年人来说也是噪音，因此老人房的门窗所用的材料隔音效果一定要好。安装地板的时候，居室的地面应平整，不宜有高低变化，饰面材料应具有防滑的功能，而且缝隙应平整，切忌用光滑瓷砖。老人房选择地毯较好，但局部铺设时要防止移动或卷边，以避免老年人摔倒。

（2）家具摆放要安全，减少磕碰的可能

老年人骨质钙化的程度比较高，应尽量避免直接与坚硬物体的表面频繁接触。在老年人的行动范围内应留有无障碍通道，并将其经常使用的家具集中在一个区域摆放，以方便老年人使用。为了避免磕碰，方方正正见棱见角的家具应越少越好。过高的柜、低于膝的大抽屉都不宜用。老年人的床铺高低要适当，应便于其上下、睡卧以及取用物品，避免其稍有不慎而扭伤或摔伤。

（3）夜间照明和色彩选择有讲究，应使光线明亮、柔和、素雅

随着年龄的增长，老年人夜间如厕的次数会有所增加，再加上老年人视力一般有所衰退，因此老人房的灯光设计特别是夜间照明是不容忽视的。老年人的视觉系统不适宜受到

过强的刺激，因而老人房的配色以柔和淡雅的同色系过渡配置为佳，也可采用凝重沉稳的天然材质。选择家具时，注意不要用过于沉闷、冷静的色彩，如灰、蓝、黑等，否则易产生抑郁的气氛，不利于老年人的身心健康。老人房也不可采用过于明艳活泼的色彩，否则易使人躁动不安。如图 2-2-33 和图 2-2-34 所示。

图 2-2-33 老人房设计 1

图 2-2-34 老人房设计 2

### （三）卧室的装饰手法

卧室的设计总体上应追求的是功能与形式的完美统一，应表现出优雅独特、简洁明快的设计风格。在卧室设计的审美上，设计师要追求时尚而不应浮躁，崇尚个性而不矫揉造作，要做到在庄重典雅之中又不乏轻松、浪漫、温馨的感觉。

在进行住宅的室内设计时，几乎每个空间都有一个设计重心。卧室的设计重心就是床，定了床的位置、风格和色彩之后，卧室设计的其余部分也就随之展开。床头背景是卧室设计的一个亮点，设计时最好提前考虑卧室的主要家具——床的造型及色调，有些需要设计床头的背景墙，有些则不必，只要挂些饰物即可，如镜框、工艺品等。床头背景墙的造型及材质应和谐统一而富于变化，如皮料细滑、壁布柔软、榉木细腻、防火板时尚现代，从而使其质感得以丰富展现。如图 2-2-35 和图 2-2-36 所示。

图 2-2-35 床头背景墙设计 1

图 2-2-36 床头背景墙设计 2

## 五、餐厅

### （一）餐厅的性质

餐厅是家人日常进餐并欢宴亲友的活动空间。餐厅位置应靠近厨房，位于厨房与起居室之间最为适宜，这在使用上可节约食品供应时间并顺应就座进餐的交通路线。餐厅既可以是单独的房间，也可以从起居室中以轻质隔断或家具分割成相对独立的用餐空间，在布局上则完全取决于各个家庭不同的生活与用餐习惯。对餐厅的一般要求是便捷、卫生、安静、舒适。除了固定的日常用餐场所外，也可按不同时间、不同需要临时布置各式用餐场所，如阳台上、壁炉边、树荫下、庭院中无一不是别具情趣的用餐地所在。餐厅设备主要是桌椅和酒柜等。现代家庭中也常常设有小型吧台，以满足都市休闲性餐饮需求。

### （二）餐厅的布局形式

餐厅根据所处位置的不同，可分为独立式餐厅、厨房中的餐厅、客厅中的餐厅三种。

#### 1. 独立式餐厅

独立式餐厅是最为理想的。这种餐厅常见于较为宽敞的住宅，有独立的房间，面积较大。如图 2-2-37 和图 2-2-38 所示。

图 2-2-37　餐厅设计 1

图 2-2-38　餐厅设计 2

#### 2. 厨房中的餐厅

厨房与餐厅同在一个空间，在功能上是先后连贯的，即“厨餐合一”。厨房与餐厅合并这种布置，可使就餐时上菜快速简便，能充分利用空间，较为实用。只是需要注意，既不能使厨房的烹饪活动受到干扰，也不能破坏进餐的气氛。要尽量使厨房和餐厅有自然的隔断或使餐桌布置远离厨具，餐桌上方应装有集中照明灯具。如图 2-2-39 和图 2-2-40 所示。

图 2-2-39　餐厅设计 3

图 2-2-40　餐厅设计 4

3. 客厅中的餐厅

在客厅内设置餐厅，用餐区的位置以邻接厨房并靠近客厅最为适当，它可以同时缩短膳食供应和就座进餐的交通路线。餐厅与客厅之间通常采用各种虚隔断方法进行灵活处理，如用壁式家具做闭合式分隔，用屏风、花格做半开放式的分隔，用矮树或绿色植物做象征性的分隔，甚至不做处理。这种格局下的餐厅应与主要空间在格调上保持协调统一，并且不妨碍客厅或门厅的交通。

### （三）餐厅的装饰方法

餐厅的家具配置应根据家庭日常进餐人数来确定，同时应考虑宴请亲友的需要。应根据餐室或用餐区的空间大小与形状以及家庭的用餐习惯，选择适合的家具。餐厅的核心是餐台。西方通常采用长方形或椭圆形的餐台。而在我国，因为中餐的方式是共食制，围绕一个中心就餐，所以多选择具有亲和力和平等感的正方形与圆形的餐桌。随着餐饮中引进了西餐的某些形式，长方形的餐台也成了很多人的选择。此外，餐厅中除设置就餐桌椅外，还可设置餐具橱柜。在餐厅中，餐柜的造型、酒具的陈设和优雅整洁的摆设也是产生赏心悦目效果的重要因素。

随着公寓房的普及，大众生活已经发生了巨大的变化，人们对就餐空间提出了专门要求。一般家庭的餐厅大小是：宽度不小于 2.5m，长度不小于 3m，面积不小于 7.5m$^2$。餐台的长宽一般都不小于 700mm，长方形餐台的长度不小于 1200mm，椅子的长度不小于 400mm。同时，就功能而言，还要求餐厅的空间宽敞一些。而在现代观念中，更强调幽雅的环境以及气氛的营造。餐厅的功能性较为单一，因而餐厅设计须从空间界面、材质、灯光、色彩以及家具的配置等方面来营造一种适宜进餐的气氛。

## 六、厨房

随着生活水平的提高，厨房已经密切关系到整个住宅的质量。人们越来越注重改善厨房的工作条件和卫生条件，更加讲究设计的多功能和使用的方便性，而且将生活休闲的功能也考虑在内。厨房在西方国家，属于起居室之外人们日常生活中家人活动的另外一个重要空间，它不但是烹调食物的地方，更是家人进餐、聊天的地方，甚至还可以当成孩子做功课、大人处理公事之处。当今世界，各种生活方式不断融合，给厨房的布局和内容带来了更大的选择余地，也对设计造型、功能组织提出了更高的要求。理想的厨房必须同时兼顾如下要素：流程便捷、功能合理、空间紧凑、尺度科学、添加设备、简化操作、隐形收藏、取用方便、排除废气、注重卫生。

### （一）厨房的平面布局形式

可将日常操作程序作为设计的基础，并建立厨房的三个工作中心，即储藏与调配中心（电冰箱）、清洗与准备中心（水槽）、烹调中心（炉灶）。厨房布局的最基本概念是“三角形工作空间”，是指利用电冰箱、水槽、炉灶之间的连线构成工作三角，即所谓工作三角法。从理论上说，该三角形的总边长越小，人们在厨房中工作的劳动强度和时间耗费就越小。一般认为，当工作三角的边长之和大于 7000mm 时，厨房就不太好用了，较适宜的布置能将边长之和控制在 3500mm～6000mm。利用工作三角法，可形成 U 形、L 形、走廊式（双墙式）、“一”字形（单墙式）、半岛式、岛式等常见的平面布局形式。

#### 1. U 形厨房

U 形厨房的工作区共有两处转角，空间要求较大。水槽最好放在 U 形底部，并将配膳区和烹调区分设两旁，使水槽、冰箱和炊具连成一个正三角形。U 形之间的距离以 1200mm～1500mm 为宜。如图 2-2-41 和图 2-2-42 所示。

图 2-2-41　U 形厨房 1

图 2-2-42　U 形厨房 2

2. L 形厨房

将清洗、配膳与烹调三大工作中心依次配置于相互连接的 L 形墙壁空间。最好不要将 L 形的一侧设计得过长，以免降低工作效率，这种空间运用比较普遍、经济。如图 2-2-43 和图 2-2-44 所示。

图 2-2-43　L 形厨房 1

图 2-2-44　L 形厨房 2

3. 走廊式（双墙式）厨房

走廊式（双墙式）厨房是将工作区沿两面墙布置。在工作中心分配上，常将清洁区和配膳区安排在一起，而烹调区独居一处。走廊式厨房适用于狭长房间，但要避免有过大的交通量穿越工作三角，否则会感到不便。

4. “一”字形（单墙式）厨房

“一”字形（单墙式）厨房是指把所有的工作区都沿一面墙安排，通常在空间不大、走廊狭窄的情况下采用。所有工作都在一条直线上完成，这样可节省空间。但应避免把“战线”拉得太长，否则易降低效率。在不妨碍交通的情况下，可安排一块能伸缩调整或可折叠的面板，以备不时之需。如图 2-2-45 所示。

5. 半岛式厨房

半岛式厨房与 U 形厨房类似，烹调中心常常布置在半岛上，而且一般是用半岛把厨房与餐厅或家庭活动室相连接。

6. 岛式厨房

岛式厨房是将厨台独立为岛型，是一款新颖别致的设计，可以灵活运用于早餐、熨衣服、插花、调酒等方面。这个“岛”充当了厨房里几个不同部分的分隔物，并且从各边都可就近使用它。如图 2-2-46 所示。

图 2-2-45 “一”字形厨房

图 2-2-46 岛式厨房

### （二）厨房设计的要点

#### 1. 人体工程尺度

人体工程尺度主要是指操作台高度和吊柜高度要适合使用者。操作台高度以 800mm 为宜。在厨房里干活时，操作台的高度对防止疲劳和灵活转身起到决定性作用。当使用者长久地屈体向前 20° 时，腰部会承担极大负荷，长此以往腰疼也就伴随而来了，因此一定要依身高来决定平台的高度。如果空间允许，应考虑能坐着干活，这样能使脊椎得以放松。厨房里的矮柜最好做成推拉式抽屉，以方便取放物品，视觉效果也较好，但不要设置在柜子角落里。低柜下要留出半只脚长度的进深和踢脚凹槽，这既能使操作者有舒适感。而吊柜一般做成 300mm～400mm 宽的多层格子，柜门可做成对开，或者做成折叠拉门形式。另外，厨房门与冰箱门的开启不能冲撞，厨房窗户的开启与洗涤池龙头也不能冲撞。

#### 2. 操作流程

厨房布局设计应按“储藏—洗涤—配菜—烹饪”的操作流程进行，否则势必增加操作距离，降低操作效率。

#### 3. 采光通风

阳光的射入使厨房既舒爽又节约能源，更会令人心情开朗。但要避免阳光直射，防止室内储藏的粮食、干货、调味品等因受光热而变质。另外，厨房必须通风。但灶台上方切不可有窗，否则燃气灶具的火焰受风影响可能不稳定，甚至会被大风吹灭造成意外。

#### 4. 高效排污

厨房是个容易藏污纳垢的地方，应尽量使其不要有夹缝。例如，吊柜与天花板之间的夹缝就应尽力避免，因天花板容易凝聚水蒸气或油烟渍，柜顶又易积尘垢，这样的夹缝日后就会成为日常保洁的难点。水池下边的管道缝隙也不易保洁，应用门封上，里边还可利用起来放垃圾桶或其他杂物。厨房里垃圾量较大，气味也大，因此垃圾桶应放在方便倾倒且隐蔽的地方，比如可以在洗涤池下的矮柜门上设一个垃圾桶或者推拉式的垃圾抽屉。但在实际操作中，垃圾桶的位置在厨房设计中往往被忽略，一般是随意放在角落中，甚至在排满漂亮橱柜的厨房中没有容身之地。有些橱柜设计师将垃圾桶设计在橱柜内，但这种处理在实际使用中存在很多缺点：首先是容易遗忘，生腥垃圾在柜内存放时间长且不通风，会产生异味，因此极不卫生；其次，操作中要频繁开启柜门，易弄脏柜子，打扫起来也不方便。

很多家庭都为生腥垃圾的处理感到头疼，因其最容易腐败发臭。日本在这方面的做法值得借鉴。在日本，生腥垃圾首先放在水池角部的专用沥水筐中，将沥过水的垃圾用没有破损的塑料袋扎紧，而后便可以和其他垃圾一起分类扔到垃圾桶中去。

5. 电器设备

电器设备应考虑嵌入在橱柜中，可把烤箱、微波炉、洗碗机等布置在橱柜中的适当位置，以方便开启和使用。如吊柜与操作平台之间的间隙就可以利用起来，这样易于摆放一些烹饪中所需的用具，有的还可以做成简易的卷帘门，这样可以避免小电器落灰尘，如食品加工机、烤面包机等。冰箱的位置不宜靠近灶台，因为后者经常产生热量且又是污染源，对冰箱有影响。冰箱也不宜太接近洗菜池，避免溅出来的水导致冰箱漏电。另外，每个工作中心都应设有电源插座。

6. 安全防护

地面不宜选择抛光瓷砖，宜用防滑、易于清洗的陶瓷材料；要注意防水防漏，厨房地面要低于餐厅地面，应做好防水防潮处理，避免因渗漏而造成烦恼等。厨房的顶面、墙面宜选用防火、抗热、易于清洗的材料，如釉面瓷砖墙面、铝板吊顶等。同时，严禁移动煤气表，煤气管道也不得做暗管，同时应考虑抄表方便。另外，厨房里许多地方要考虑能防止孩子发生危险。例如：炉台上设置必要的护栏以防止锅碗落下；各种洗涤制品应放在洗涤池下专门的柜子（矮柜）里；尖刀等器具应摆在较为安全的抽屉里。

7. 材料设计

橱柜的门面就是柜门和台面。目前柜门主要有实木型、烤漆型、防火板型、吸塑型等。

（1）柜门

1）实木型。一般在实木表面做凹凸造型，外喷漆。实木整体橱柜的价格较昂贵，多为怀旧古典风格、乡村风格，是橱柜中的高档品，如图 2-2-47 所示。

2）烤漆型。基材为密度板，烤漆面板表面非常华丽、反光性高，像汽车的金属漆，但怕磕碰和划伤，价格较贵，如图 2-2-48 所示。

3）防火板型。这是最主流的用材，它的基材为刨花板或密度板，表面饰以特殊材料，色彩鲜艳多样，防火、防潮，耐污、耐酸碱、耐高温，易清理，价格便宜。

4）吸塑型。基材为密度板，表面经真空吸塑或采用一次无缝 PVC 膜压成型工艺。

图 2-2-47　实木型橱柜门

图 2-2-48　烤漆型橱柜门

（2）台面

1）人造石台面。人造石台面的主要特点就是绚丽多彩，表面无毛细孔，具有极强的耐污、耐酸、耐腐蚀、耐磨损性能，易清洁，极具可塑性，可以无缝连接，线条浑圆，可设计制作各类造型，如图 2-2-49 所示。

2）不锈钢台面。坚固耐用，也较易清理，但往往给人较冷的感觉，如图 2-2-50 所示。

3）金属篮。橱柜中的金属篮可用来收纳厨房中的零散杂物。不锈钢材质的储物篮隐藏在橱柜中，把空间有序地分割开，使用时会得心应手。例如，放调味品的篮子可以放在灶台两侧的操作台下。最富有创意、最科学的设计是转角篮，它能充分利用橱柜的死角发掘空间。通体篮是最高的收纳篮，它和橱柜等高，可以储存各种各样的物品。

图 2-2-49　人造石台面

图 2-2-50　不锈钢台面

## 七、书房

书房是供阅读、书写、工作和密谈的空间，其功能较为单一，但对环境的要求较高。首先要安静，其次要考虑朝向、采光、景观、私密性等多项要求。书房多设在采光充足的

南向、东南向或西南向，要有良好的光线和视觉环境，使主人能保持轻松愉快的心态。

### （一）书房的布局

书房的布置形式与使用者的职业有关，不同职业的工作方式和习惯差异很大，应具体问题具体分析。无论是什么样的规格和形式，书房都可以划分出工作阅读区域和藏书区域两大部分，其中工作阅读区应是空间的主体，应在位置、采光上给予重点处理。另外，与藏书区的联系要方便。

书房的家具设施归纳起来有如下几类：

- 书籍陈列类：包括书架、文件柜、博古架、保险柜等，其尺寸以大小适宜及使用方便为参照来进行设计和选择。
- 阅读工作台面类：包括写字台、操作台、绘画工作台、电脑桌、工作椅等。
- 附属设施：包括休闲椅、茶几、文件粉碎机、音响设备、工作台灯、笔架、电脑等。

书房是一个工作空间，但绝不等同于一般的办公室，它要和整个家居的气氛相和谐，同时要巧妙地应用色彩、材质变化以及绿化等手段来创造一个宁静温馨的工作环境。在家具布置上，它不必像办公室那样整齐划一，以表露工作作风之一丝不苟，而要根据使用者的工作习惯来摆设家具、设施甚至艺术品，以体现主人的爱好、情趣和个性。

### （二）书房设计的要点

#### 1. 照明和采光

作为主人读书写字的场所，书房对照明和采光的要求很高，因为在过强或微弱的光线中工作，都会对视力产生很大的影响。因此，写字台最好放在阳光充足但不直射的窗边，这样在工作疲倦时还可向窗外远眺一下以缓解眼睛疲劳。书房内一定要设有台灯和书柜用射灯，以方便主人阅读和查找书籍。但需注意，台灯要光线均匀地照射在读书写字的地方，不宜离人太近，以免强光刺眼。如图 2-2-51 和图 2-2-52 所示。

图 2-2-51　书房照明和采光 1

图 2-2-52　书房照明和采光 2

2. 隔音效果

“静”对于书房来讲是十分必要的，因为人在嘈杂环境中的工作效率要比在安静环境中的低得多。因此，在装修书房时要选用那些隔音、吸音效果好的材料。例如：天花板可采用吸音石膏板吊顶；墙壁可采用PVC吸音板或软包装饰布等装饰；地面可采用吸音效果佳的地毯；窗帘可选择较厚的材料，以阻隔窗外的噪音。

3. 内部摆设

书房设计要尽可能雅。要把情趣充分融入书房的装饰中，一件艺术收藏品、几幅主人钟爱的绘画或照片、几个古朴简单的工艺品，都可以为书房增添几分淡雅和清新。如图2-2-53所示。

4. 色彩柔和

书房的色彩既不要过于耀眼，也不宜过于昏暗，而应当取柔和的色彩装饰。在书房内养植两盆诸如万年青、君子兰、文竹、吊兰之类的植物，则更赏心悦目。淡绿、浅棕、米白等柔和的色彩较为适合，如图2-2-54所示。但若从事需要刺激而产生创意的工作，那么不妨让鲜艳的色彩引发灵感。

5. 通风

书房内的电子设备越来越多，如果房间内密不透风，机器散热后会令空气变得污浊，影响身体健康，因此应保证书房的空气对流顺畅，以利于机器散热。

图2-2-53 书房内部摆设

图2-2-54 书房的色彩设计

## （三）现代化书房

在传统观念中，书房应该是个墨香飘飘的清静空间，坐在这里可以品茗看书，赏画远眺，修身养性。办公用品的现代化与网络技术的发达为书房提供了新的理念，即自由职业者的理想工作室、电脑迷的网络新空间、领导者的决策和会晤场所。现代化的书房，已开始从原来休息、思考、阅读、工作的场所，拓展成包括会谈及展示在内的综合场所。

1. 个人工作室

与充满商机的办公室相比，个人工作室显得更加放松、简洁、随意，其最大的特点就是能充分发挥办公自动化的灵活性。在有限的空间内，将计算机、打印机、复印机、传真机等办公设备进行合理的布局，并巧妙摆放，以方便主人藏书、办公、阅读等。对于积累资料较多的人来说，多功能的暗格、活动拉板十分实用，应该充分利用各个角落和空当，在里面放置分门别类的书籍与资料，这样，工作的时候就可以方便取用了。

对于居住条件比较紧张的人来说，即使没有单独的书房，通过餐厅或小客厅来附加添置，也会有“随遇而安”的不俗表现。比如：利用餐厅一隅，巧妙地添置一个“书房角”，在白色的小书架上，放几本书、一台电脑，一部电话，实用中透出主人的情趣和品位。再如：一个小会客厅，以矮书柜隔断，一边是半包围的书斋，一边是敞开式的待客雅座，隔柜上摆放一两盆绿色植物，也不失高雅，如图 2-2-55 和图 2-2-56 所示。

图 2-2-55　书房设计 1

图 2-2-56　书房设计 2

2. 商务会客室

对于交友广、商务活动频繁的现代人来说，在家里接待商务客人并不少见。一个敞亮的书房，便是高级的谈话空间。在这种颇有现代味道的宽敞书房中，真正办公的区域其实只占房间的一角。大面积的书柜，作为书房传统的风景，应选用浅木色。如果是追求现代意识，应该多采用玻璃、金属的组合制品。这样的书房，墙上的装饰要精美一些，书画的布置也应精美而高级。喜欢轰轰烈烈生活的人，可在书房里放上红色沙发和锥形装饰台，并恰到好处地点缀绿色植物，以引起每个走进书房的客人想和你愉快合作的欲望。值得注意的是，拥有这类书房的人，通常拥有两个会客位置：一种是两把椅子相对而放，显示出主人居高临下、统揽全局的指挥意识，给人一种心理上的压力；另一种是两把便椅中搭个玻璃小台，台上可放置烟灰缸与两个杯茶，两人可平起平坐，随和地进行商务谈话，显得亲切许多。

## 八、卫浴间

一个标准卫浴间的卫生设备一般由三大部分组成：洗脸设施、便器设施、淋浴设施。这三大设施应按从低到高的基本原则进行布置，即从卫浴间门口开始，最理想的是洗手台靠近卫浴间的门，便器设施紧靠其侧，淋浴设施设置在最内端。

卫浴间最好能做到“干湿分离”，也就是合理地把洗浴区和座厕分离，使两者互不干扰。“干湿分离”的方法很多，可以选择淋浴房的形式；对于安装了浴缸或淋浴设施的卫浴间，可以采取玻璃隔断或者安装玻璃推拉门来分离。

卫浴间的装修应以舒适、防水、防潮以及地面防滑为主，饰面材料及卫生洁具等的选择以无碍健康为准则，质地色彩要给人光洁且柔和的感觉。如图 2-2-57 和图 2-2-58 所示。

图 2-2-57　卫浴间设计 1

图 2-2-58　卫浴间设计 2

卫浴设施的更新换代，加速了卫浴间的大型化、多功能化、智能化的进程，卫浴间的面积越来越大，用户可以边洗浴边看电视或听音乐，甚至还可以健身等。

### （一）卫浴间的布局形式

住宅卫浴间的平面布局与经济条件、文化和生活习惯、家庭人员构成、设备大小和形式有很大关系。归结起来可分为独立型和兼用型等形式。

#### 1. 独立型

卫浴间内，浴室、厕所、洗脸间等各自独立，称为独立型（见图 2-2-59）。独立型的优点是各室可以同时使用，特别是在使用高峰期可减少互相干扰，各室功能明确，使用起来方便、舒适；缺点是空间占用多，建造成本高。它适合多居室住宅。独立型的另一个概念是“三卫”，即水卫、厕卫、浴卫。

1）水卫：公共部分以洗涤功能为主的开放型空间，涵盖拖把池、洗手池及洗衣设备，直接与室内的其他空间连接，无须做门，可增加隔断。

2）厕卫：居室中的公卫（即客卫），可增加小便斗、蹲便器、手纸架、洗手盆、淋浴器及浴镜、排风扇、烘干器等。功能是如厕为主兼洗浴。

3）浴卫：居室中主卧附设的卫生间，它更具私密性，有休闲、保健和理疗功能，主要可设置坐便器、妇洗器、按摩浴缸、洗手池等，条件允许可设置桑拿房，甚至增加景观设计，如落地玻璃、平板电视或观景天窗等。

2. 兼用型

把浴盆、洗脸池、便器等洁具集中在一个空间，称为兼用型（见图 2-2-60）。兼用型的优点是节省空间、经济、管线布置简单等。缺点是一人占用卫浴间时，影响其他人使用；卫浴间面积较小时，储藏等空间很难设置，不适合人口多的家庭。兼用型卫浴间一般不适合放入洗衣机，因为洗浴所产生的湿气会影响洗衣机的寿命。

图 2-2-59 卫浴间设计 3

图 2-2-60 卫浴间设计 4

3. 其他布局形式

除了上述两种基本布局形式以外，卫浴间还有许多更加灵活的布局形式，这主要是因为现代人给卫浴间注入了新的理念，增加了许多新要求。例如：现代人崇尚亲近自然，把阳光和绿意引进卫浴间，以获得沐浴、盥洗时的愉快心情；现代人更加注重身体保健，把桑拿浴、体育设施等引进卫浴间；或布置色彩鲜艳的艺术画，在卫浴间内设置电视与音响设备，使人在沐浴的同时得到惬意的艺术享受。

### （二）卫浴间的基本尺寸

一般来说，卫浴间在最大尺寸方面没有什么特殊的规定，但是太大会造成资源浪费，也是不可取的。卫浴间在最小尺寸方面有一定的规定，即在这一尺寸之下，一般人使用起来就会感到不舒服或设备安装不下。

独立厕所空间的最小尺寸是由便器的尺寸加上人体活动的必要尺寸来决定的，一般坐便器加水箱的长度为745mm～800mm，若水箱在角部，整体长度能缩小到710mm。坐便器的前端到前方门或墙的距离，应保证在500mm～600mm，以便站起、坐下、转身等动作能比较自如。

独立浴室的尺寸跟浴盆的大小有很大的关系。此外，要考虑人穿脱衣服、擦拭身体的动作空间及内开门占去的空间。小型浴盆的浴室尺寸为1200mm×1650mm，中型浴盆的浴室尺寸为1650mm×1650mm等。

独立淋浴室的尺寸应考虑人体在里面活动转身的空间和喷头射角的关系，一般尺寸为900mm×1100mm、800mm×1200mm等。小型的淋浴间净面积可以小至800mm×800mm。在没有条件设浴盆时，淋浴池加便器的卫生空间也很实用。

独立洗脸间的尺寸除了考虑洗脸化妆台的大小和弯腰洗漱等动作以外，还要考虑卫生及化妆用品的储存空间。由于现代生活的多样化，化妆和装饰用品等与日俱增，必须注意留出足够的空间。此外，多数洗脸间还兼有更衣和洗衣的功能，兼作浴室的前室，因此在设计时空间尺寸应略扩大些。

典型三洁具卫浴间，即把浴盆、便器、洗脸池这三件基本洁具合放在一个空间中的卫浴间。由于三件洁具紧凑布置充分利用了共用面积，因此空间面积一般比较小，常用面积为3m$^2$～4m$^2$。近年来，因大家庭的分化和两三口人的核心家庭的普遍化，一般的公寓和单身宿舍开始采用工厂预制的小型装配式盒子间。这种卫浴间模仿旅馆的卫浴间设计，把三洁具布置得更为合理紧凑，在面积上也大为缩小。最小的平面尺寸可以做到1400mm×1000mm，中型的为1200mm×1600mm、1400mm×1800mm，较宽敞的为1600mm×2000mm、1800mm×2000mm等。

### （三）卫浴间的装饰手法

#### 1. 装修设计

装修设计即通过围合空间的界面处理来体现格调，如地面的拼花、墙面的划分、材质的对比、洗手台面的处理、镜面和边框的做法以及各类储存柜的设计。装修设计应考虑所选洁具的形状、风格对其的影响，应相互协调，同时在做法上要精细，尤其是在装修与洁具相互衔接的部位，如浴缸的收口及侧壁的处理、洗手化妆台面与面盆的衔接方式和精细巧妙的做法能反映卫浴间的格调，如图2-2-61和图2-2-62所示。

图 2-2-61　卫浴间设计 5

图 2-2-62　卫浴间设计 6

### 2. 照明方式

经过吊顶处理后，顶棚光源距离人的视平线相对近了一些。因此，要采取一定的措施，使光线照度适宜，没有眩光直刺入目。例如一些灯的罩片，可以用喷砂玻璃，也可以用印花玻璃以及有机玻璃灯光片等，总之，以能产生良好的散射光线为佳。卫浴间虽小，但光源的设置却很丰富，两种到三种色光及照明方式综合作用，可形成不同的气氛，起到不同的效果。卫浴间的照明设计一般由两个部分组成：一部分是净身空间部分，另一部分是脸部整理部分。

第一部分包括淋浴空间和浴盆、坐厕等，应以柔和的光线为主。光亮度要求不高，只要光线均匀即可。光源本身还要有防水功能、散热功能和不易积水的结构。一般光源设计在天花板和墙壁上。

第二部分由于有化妆功能要求，因此对光源的显色指数有较高的要求。一般只能是白炽灯或显色性能较好的高档光源，对照度和光线角度要求也较高，最好是在化妆镜的两边，其次是顶部。一般要达到相当于 60W 以上的白炽灯的亮度。

此外，还应该有部分背景光源，可放在镜柜内和部分地坪内以增加气氛。其中，地坪下的光源要注意防水。

### 3. 色彩

卫浴间大多采用低彩度、高明度的色彩组合来衬托干净舒爽的气氛，色彩运用上以卫浴设施为主色调，墙地色彩应保持一致。这样，整个卫浴间才有种和谐统一感。材质的变化既要利于清洁又要考虑防水，如石材、面砖，防火板等。在标准较高的场所也可以使用木质，如枫木、樱桃木、花樟等。还可以通过艺术品和绿化的配合来点缀，以丰富卫浴间色彩的变化。

### （四）卫浴间的设计细节

1）天棚：因为卫浴间的水汽较重，所以要选择具有防水、防腐、防锈特点的材料。

2）地面：在铺地砖之前，务必做好防水，在铺设瓷砖之后，要保证砖面有一个泄水坡度，一般以1°左右为宜，坡面朝向地漏；地面必须做闭水实验，时间不得少于24小时；铺设地砖时要注意与墙砖通缝、对齐，保证整个卫浴间的整体感，以免在视觉上产生杂乱的印象。

3）墙面：墙面的瓷砖也要做好防潮、防水，而且贴瓷砖时要保证平整，与地砖通缝、对齐，以保证墙面与地面的整体感；若遇到给水管路出口，瓷砖的切口要小且适当，以方便给水器上的法兰罩盖住切口，使外观完美。

4）门窗：卫浴间最好有窗户，以利于通风；如果没有窗户，尤其要注意门的细节。为防止卫浴间的水向外溢，门界要稍高于卫浴间内侧，卫浴间的门与地面的空隙要留得大一点，以利于回风；如果是推拉门，还要在推拉门与卫浴地砖之间做一层防水。

5）电路铺设：卫浴间的电线接头处必须挂锡，并要缠上防水胶布和绝缘胶布，以保证安全；电线体必须套上阻燃管；所有开关和插座必须有防潮盒，而且位置要视电器的尺寸与位置而定，以保证使用的方便合理。

6）水路改造：卫浴间的给排水线路最好不要做太大改动，如果要改动，应视具体情况而定。

7）洁具安装：最好在装修之前把下水孔距记好，按尺寸选好浴缸、浴房、坐便器、洗手池等洁具，以免在装修时尺寸不合适。安装坐便器时要先用坐便泥密封好，再用膨胀螺丝或玻璃胶固定，这样，在坐便器发生阻塞时才便于修理。

8）通风换气：卫浴间必须有排风扇，而且排风扇必须安有逆行闸门，以防止污浊空气倒流。

9）绿化：卫浴间不应该成为被绿色遗忘的角落。装修时可以选择些耐阴、喜湿的盆栽放置在卫浴间里，以增添生气。

## 九、走道和楼梯

### （一）走道的设计

走道在住宅的空间构成中属于交通空间，起联系空间的作用。走道是空间与空间水平方向的联系方式，它是组织空间秩序的有效手段。走道在空间变化中具有引导性和暗示性，增强了空间的层次感。如图2-2-63和图2-2-64所示。

图 2-2-63　走道设计 1

图 2-2-64　走道设计 2

### 1. 走道的形式

走道依据空间水平方向的组织方式，在形式上大致分为“一”字形、L 形和 T 形。性质上大致分为外廊、单侧廊和中间廊。不同的走道形式在空间中起着不同的作用，也产生了迥然不同的空间特点。例如：“一”字形走廊方向感强，简洁、直接；L 形走廊迂回、含蓄，富于变化，往往可以加强空间的私密性；T 形走廊是空间之间多向联系的方式，它较为通透，而两段走廊相交之处往往是设计师大做文章的地方，如果处理得当，将形成一个视觉上的景观变化处，从而有效地打破走廊的沉闷、封闭之感。

### 2. 走道的装饰方法

走廊由顶面、地面、墙面组成，很少有固定或活动的家具，因而所有的变化都集中于几个界面的处理上。

#### （1）顶面

在住宅中，走道的吊顶标高往往较其他空间矮一些。顶面的形式也较为简单，仅仅做照明灯具的排列布置，不再做过多的变化以免累赘。由于走道没有特殊的照度要求，因此它的照明方式常常是筒灯或槽灯，甚至完全依靠壁灯来完成照明。走道的灯具排布要充分考虑光影形成的富有韵律的变化，以及墙面艺术品的照明要求，要有效地利用光来消除走道的沉闷气氛，从而创造生动的视觉效果。如图 2-2-65 所示。

#### （2）地面

在住宅的所有空间中，走道是唯一没有家具的空间，因而它几乎百分之百地暴露。当走廊选用不同的材料时，它的图案变化也就最为明显。因此，选择图案或创造拼花时，应注意它的视觉完整性和轴对称性。同时，图案本身以及色彩也不宜过分夸张，因为走道毕竟处于从属地位，若处理不当就会喧宾夺主。另外，走廊地面选材还应注意声学上的要求，由于走道连接公共与私密空间，因此在选材时一定要考虑人的活动声响对空间私密性的影响。如图 2-2-66 所示。

图 2-2-65 走道设计（顶面）

图 2-2-66 走道设计（地面）

（3）墙面

走道空间的主角是墙面，墙面占走廊中人的视域的绝大部分，可以做较多的装饰。走道越宽，人的视觉距离就越长，对装饰细节也就愈加关注。走道的装饰有两方面的含义：一方面是装修本身，即对墙面的包装修饰，包括墙面的划分，材质的对比，照明形式的变化，踢脚线、阴角线的选择以及各空间与走廊相连接的门洞和门扇的处理等；另一方面是脱离装修的艺术陈设，如字画、装饰艺术品、壁毯等种类繁多的艺术形式。如图 2-2-67 所示。

（4）房门

走道空间的墙面大多有门的存在，门的处理就成为影响整个空间品质的重要因素。门的处理主要包含以下几个方面：门的材质与墙面材质的对比，门的样式与整个空间形式的协调以及锁具的选择等，这些都将影响门的视觉效果乃至整个空间的效果。门的形式也要兼顾实用和美观两大原则。一般来讲，卧室属私密性空间，需要采用封闭性的门，而厨房、卫浴间则可以采用半通透的门，这样的设计手段对空间的延伸有积极的作用。如图 2-2-68 所示。

图 2-2-67 走道设计（墙面）

图 2-2-68 走道设计（房门）

## （二）楼梯的设计

楼梯是空间之间垂直的交通枢纽，是住宅中垂直方向上相联系的重要手段。楼梯在住宅中能很严格地将公共空间和私密性空间隔离开来。楼梯的位置应明显但不宜突出，在多数住宅中，楼梯的位置往往沿墙和拐角设置以免浪费空间。但在有些高标准的豪华住宅中，楼梯的设置就不再那么拘谨，往往位置显赫以充分表现楼梯的美丽。这时，楼梯也成为一种表现住宅气势的有效手段，成为住宅空间中重要的构图因素。如图 2-2-69 和图 2-2-70 所示。

图 2-2-69　楼梯设计 1

图 2-2-70　楼梯设计 2

### 1. 楼梯的形态

楼梯按材质可分为木楼梯、混凝土楼梯、金属楼梯、砖砌楼梯等。由于材料不同，各种楼梯的施工方法和性能也不同。

1）木楼梯制作方便，款式多样，但是耐久性稍差，走动时容易发出声响，通常用于行走不多的场合。

2）混凝土楼梯具有坚固耐用、安全性好的特点，走动时不会有响声，缺点是浇筑工序复杂，湿作业多，工期长。

3）金属楼梯结构轻便，造型美观，施工方便，但是维护保养麻烦。

4）砖砌楼梯具有经济耐用的特点，但造型刻板，无法有效地利用空间。

楼梯按形式可分为单路式、拐角式、回径式和旋转式。

1）单路式：这种楼梯气势大，方向感强，用于标准较高的户型之中，可增强楼层间的联系感。如图 2-2-71 所示。

2）拐角式：这种楼梯沿墙布置较多，优点是节约空间，有一定的引导性，楼梯的侧向常常可以利用起来形成储藏空间。如图 2-2-72 所示。

3）回径式：也称两跑梯，这种楼梯应用广泛，它节约空间，易于与其他空间衔接，比较隐蔽，易于强化楼上空间的私密性。如图 2-2-73 所示。

4）旋转式：造型生动，富于变化，能够节约空间，常常成为空间中的景观构图。它的材料可以是混凝土、钢材，甚至是有机玻璃。现代的材料更宜于表现旋转楼梯流动、轻盈的特点，如图 2-2-74 所示。

图 2-2-71　单路式楼梯

图 2-2-72　拐角式楼梯

图 2-2-73　回径式楼梯

图 2-2-74　旋转式楼梯

2. 楼梯的尺度

设计楼梯时，首先计算楼梯的级数及每级踏步的宽度、长度和高度。通常踏步的高度为 150mm～180mm，宽度不小于 250mm，长度不小于 850mm。另外，要留心楼梯上方梁的位置，避免上下楼时碰头。

3. 楼梯的装饰手段

楼梯由踏步、栏杆和扶手组成。三部分用不同的材料、以不同的造型实现不同的功能。

（1）踏步

踏步用较坚硬耐磨的材料、合理的尺度搭配、巧妙的质感变化满足了使用者对舒适、防滑以及使用年限等多方面的要求。踏步实现了楼梯的主要使用功能，是楼梯的主题。踏步的形态单一，变化主要依靠使用材料时的细部处理来体现，如板材之间的搭接。踏步的材料主要有石材、木材，这两种材料在使用上都有自己独特的要求。另外，当踏步材料和上下层公共空间地面用材不同时，应当注意收口部位的处理，避免生硬和简陋之感。

（2）栏杆

栏杆在楼梯中的作用是围护，因而栏杆在高度和密度上都有一定的要求，如高度通常在 900mm 以上，密度要保证 3 岁左右的儿童摔倒时不至于掉出楼梯。同时，在强度上，栏杆要能承担一定的重力和拉力，要能承受成年人摔倒时的惯性和老年人、病人的拉力。因此，楼梯栏杆的材料常用铸铁、木材或较厚的（10mm 以上）玻璃栏板。楼梯的栏杆对楼梯的样式起着至关重要的装饰作用。如图 2-2-75 所示。

（3）扶手

扶手位于楼梯栏杆的上部，它和人手相接触，把人上部躯干的力量传递到踏步上。对老人、儿童而言，它是得力的帮手。对装饰来讲，它有画龙点睛的重要作用。扶手在造型上既要符合人体工程学的要求，又要兼顾造型上的比例；在材质上既要顺应人的触觉要求，又要质地柔软、舒适，富于人情味。扶手断面的形式千变万化，根据不同的格调，我们可以自由地选择简洁的、丰富的、古典的或现代的风格。但要特别注意转弯和收头处的处理，这些地方往往是楼梯最精彩和最富表现力的部位。它往往结合雕塑、灯柱等造型来营造生动变化的视觉效果。如图 2-2-76 所示。

图 2-2-75　楼梯栏杆

图 2-2-76　楼梯扶手

## 能力训练

作业名称：完成一次功能划分平面图设计。

作业形式：在居住空间内，进行平面功能划分。

作业要求：先完成方案草图的设计，再在计算机里完成效果图的制作。

# 第三节　居住空间色彩设计

### 本节概述

本节主要介绍居住空间的色彩构成和色彩类型。色彩构成主要从界面色彩、主体色彩、点缀色彩来讲，而色彩分类则会通过大量图片来诠释居住空间各个空间的色彩设计。

### 学习目的

通过本节的学习，学生应掌握运用界面色彩、主体色彩和点缀色彩来营造居住空间的氛围，利用色彩的属性来改变原有空间的不足。

## 一、居住空间的色彩构成

### 1. 界面色彩

界面色彩又称背景色，主要是指墙体、地面和顶棚的色彩。界面色彩是空间色调氛围的重要组成内容，在空间中起背景色作用，如图 2-3-1 和图 2-3-2 所示。当门窗开敞或为大面积玻璃时，室外的景色也随时间的变化成为背景色。

### 2. 主体物色彩

主体物色彩是指居住空间中家具、窗帘、床上用品等的色彩，它们不但是除界面色彩外占据空间色彩最多的部分，而且因自身实用功能和在居住空间中占据的位置更为立体

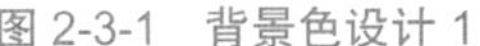
图 2-3-1　背景色设计 1

图 2-3-2　背景色设计 2

而具备更大的空间影响力。主体物色彩与界面色彩是互相制衡或互为图底的关系。它们的面积大小以及色彩的明度、饱和度直接影响空间效果。如图 2-3-3 和图 2-3-4 所示。

图 2-3-3　主体物色彩 1

图 2-3-4　主体物色彩 2

### 3. 点缀色彩

点缀色彩占据的空间面积不大，但往往能起到画龙点睛、活跃空间气氛、生动整体环境的作用。点缀色彩一般由织物、植物、艺术摆件、绘画、灯饰等来担当，如图 2-3-5 和图 2-3-6 所示。

图 2-3-5　点缀色彩 1

图 2-3-6　点缀色彩 2

## 二、居住空间的色彩分类

根据色彩学的知识，居住空间的色彩可分为两大类，即无彩色系和有彩色系。

### 1. 无彩色系

无彩色系是指由单一色彩构成的黑白灰变化系列。如图 2-3-7 和图 2-3-8 所示。

图 2-3-7　无彩色系 1

图 2-3-8　无彩色系 2

### 2. 有彩色系

有彩色系是指由色相、明度、纯度的对比形成的低明度设计、中明度设计、高明度设计、低纯度设计、中纯度设计、高纯度设计等。如图 2-3-9 和图 2-3-10 所示。

图 2-3-9　有彩色系 1

图 2-3-10　有彩色系 1

## 三、居住空间的色彩设计方法

### 1. 同类色设计

同类色主要指在同一色相中不同的颜色变化。例如：红色中有紫红、深红、玫瑰红、大红、朱红、橘红等种类；黄色中又有深黄、土黄、中黄、橘黄、淡黄、柠檬黄等区别。在居住空间中采用同类色进行设计，易达到整个室内空间整体的协调统一，色调柔和不杂乱。如图 2-3-11 和图 2-3-12 所示。同类色设计特别适合书房和老人房等室内

空间的设计。

图 2-3-11　同类色设计 1

图 2-3-12　同类色设计 2

2. 邻近色设计

邻近色之间往往是你中有我，我中有你。例如，朱红与橘黄：朱红以红为主，里面略有少量黄色；橘黄以黄为主，里面有少许红色，虽然它们在色相上有很大差别，但在视觉上却比较接近。在色轮中，凡在 60° 范围之内的颜色都属于邻近色。我们经常使用邻近色来进行居住空间设计，它既能取得空间的统一感，又有一定的色彩对比，统一中有对比，对比中有统一，生动而活跃。如图 2-3-13 和图 2-3-14 所示。邻近色设计宜在客厅、健身房等室内空间中应用。

图 2-3-13　邻近色设计 1

图 2-3-14　邻近色设计 2

3. 互补色设计

色彩学上称间色与三原色之间的关系为互补关系，意思是指某一间色与另一原色之间互相补足三原色成分。例如：绿色是由黄加蓝而成，红色则是绿的互补色，橙色是由红加黄而成；紫色是由红加蓝而成，黄色则是紫的互补色。如果将互补色并列在一起，则对比最强烈、最醒目、最鲜明。在色轮中，相对应的颜色都是互补色，红与绿、橙与蓝、黄与紫是三对最基本的互补色。这种色彩对比最强烈的视觉设计适合居住空间中的儿童房等，如图 2-3-15 和图 2-3-16 所示。

图 2-3-15　互补色设计 1

图 2-3-16　互补色设计 2

## 四、具体居住空间色彩设计

### 1. 玄关

玄关是家居入门后的第一道风景，其色彩的设计十分重要，由于一般居住空间的玄关都不是太大，又是在走道上，因此光线较暗，在设计上最好采用明度高的色彩，以在视觉和心理上产生拓展空间的效果。当然，玄关的色彩也要与相连的客厅的色调保持统一，如图 2-3-17 和图 2-3-18 所示。

图 2-3-17　玄关色彩设计 1

图 2-3-18　玄关色彩设计 2

2. 客厅

客厅是居住空间中的会客交流场所，其色彩最常见的是以暖色为主调，亲切宜人，落落大方，营造出一派温馨的气氛。同时，客厅的色彩又要充分表现主人的个性，因而，客厅的色彩设计是最能够表达家庭设计主题的地方。如图 2-3-19 和图 2-3-20 所示。

图 2-3-19　客厅色彩设计 1

图 2-3-20　客厅色彩设计 2

3. 卧室

人们在卧室中休息和睡眠，需要舒适、宁静、柔和的环境氛围。一般主卧多用偏暖、中纯度、中明度的色彩，如粉红色、淡紫色等，以营造温馨浪漫的气氛。当然，年龄的不同也会影响人们对卧室色彩的选择。年轻人喜欢丰富多彩的生活，选用的色彩鲜明丰富；对比较强的色彩对儿童智力发展有好处；中低明度、中低纯度色系比较适合老年人稳定、安逸的生活。如图 2-3-21 和图 2-3-22 所示。

图 2-3-21　卧室色彩设计 1

图 2-3-22　卧室色彩设计 2

4. 餐厅

餐厅除了遵循一般的色彩设计规律外，还要充分考虑它是家人和朋友相聚用餐的空间，在色彩设计上要能增进人们的食欲，所以应该以橘黄色等色系为主调。当然，餐厅也可以设计得更具个性。如图 2-3-23 和图 2-3-24 所示。

图 2-3-23　餐厅色彩设计 1

图 2-3-24　餐厅色彩设计 2

5. 儿童房

儿童房的色彩设计常以粉色系、蓝色系为主，对稍大些的儿童可以使用一些高纯度或中高明度的色调，甚至可以用互补色彩，以形成欢快、活泼的对比效果。强烈的色彩世界有助于儿童的成长发育。但是，在具体的设计中要有针对性地考虑性别、年龄等因素。如图 2-3-25 和图 2-3-26 所示。

图 2-3-25　儿童房色彩设计 1

图 2-3-26　儿童房色彩设计 2

6. 厨房

厨房是整个居住空间里不可缺少的重要功能区，无论居住空间是大还是小，它都占有重要的地位。厨房的色彩搭配应以单纯、明快、纯度较高的色彩为主，在视觉上营造出干净、清爽的心理效果。同样，厨房的色彩设计也可以以主题的方式来表达，如蓝天白云等，这样能活跃气氛，减轻人的疲惫感。一般来说，在厨房操劳最多的是女主人，所以，女主人对色彩的个人情趣爱好也是需要充分考虑的。如图 2-3-27 和图 2-3-28 所示。

7. 卫浴间

卫浴间常见的用色为浅色或白色，因为这些颜色让人感觉干净。这对小面积的卫浴间尤为重要，因为浅色会显得空间较大。还可以根据住宅所处地区的气候为卫浴间设计

图 2-3-27　厨房色彩设计 1

图 2-3-28　厨房色彩设计 2

色彩，如气候炎热地区的卫浴间通常会选用冷色调，并加入白色、绿色等中性色。当然，现代风格的卫浴间也不乏大胆地应用多种色彩的情况，以彰显强烈的个性。同时，卫浴间内还可以配合摆放一些绿色植物，增强空间环境的雅致。如图 2-3-29 和图 2-3-30 所示。

图 2-3-29　卫浴间色彩设计 1

图 2-3-30　卫浴间色彩设计 2

## 能力训练

作业名称：效果图或透视图的色彩表现。

作业形式：在 A3 图纸上手绘，或使用计算机对透视图进行色彩表现。

作业要求：要求色调明确，通过色彩表达你的设计意图和想法。

装饰材料是居住空间中所有界面和物体都会用到的，装饰表面的造型、式样、色彩、肌理效果都离不开材料。材料对居室装饰设计的影响很大。

### 学习目的

通过本节的学习，学生应认识装饰材料的基本类型并掌握对材料的合理应用。

## 一、装饰材料的分类

1）按材质分类：塑料、金属、陶瓷、玻璃、木材、无机矿物、涂料、纺织品、石材等。

2）按功能分类：吸声材料、隔热材料、防水材料、防潮材料、防火材料、防霉材料、耐酸碱材料、耐污染材料等。

3）按装饰部位分类：墙面装饰材料、地面装饰材料、顶棚装饰材料等。

## 二、装饰材料种类及应用

### 1. 墙面涂料

涂料是指涂敷于物体表面，可与基体材料很好地黏结并形成完整而坚韧保护膜的物质。由于在物体表面结成干膜，故又称涂膜或涂层。

墙面漆即面漆，也就是人们常说的乳胶漆。乳胶漆是以合成树脂乳胶涂料为原料，加入颜料以及各种辅助剂配制而成的一种水性涂料，是室内装饰装修中最常用的墙面装饰材料。乳胶漆和普通油漆不同，它以水为介质进行稀释和分解，具有重量轻、色彩鲜明、附着力强、无毒无害、不污染环境、施工简便、工期短、耐老化等特点，主要应用于墙面与顶棚。如图 2-4-1 和图 2-4-2 所示。

图 2-4-1　墙面涂料 1

图 2-4-2　墙面涂料 2

2. 墙纸

墙纸又称壁纸，是一种应用相当广泛的室内装饰材料。因为墙纸具有色彩多样、图案丰富、豪华气派、安全环保、施工方便、价格适宜等多种其他室内装饰材料所无法比拟的特点，故在现代装修中越来越得到人们的推崇。墙纸分为纸面纸基墙纸、纺织物墙纸、天然材料墙纸、塑料墙纸等，主要应用于墙面、顶棚或其他局部，如图 2-4-3 和图 2-4-4 所示。

图 2-4-3　墙纸 1

图 2-4-4　墙纸 2

3. 木线条

一般用木质较细、比较耐磨耐朽、易加工上色、能黏结及钉钉的木材制成。木线条造型丰富、样式雅致、做工精细，形态上一般分为平板线条、圆角线条和槽板线条等。主要用于木质工程中的封边和收口，可以与顶面、墙面和地面完美配合，也可用于窗套、家具过角。它在装修中有美化细节、突出装修风格的作用。如图 2-4-5 和图 2-4-6 所示。

4. 装饰板

装饰板主要分为木饰面板、铝塑板和金属装饰板。

（1）木饰面板

木饰面板是将木质人造板进行各种装饰加工而成的板材。其色泽、平面图案、立体图案、表面构造及光泽等的不同变化，大大提高了材料的视觉效果、艺术感受和声、光、电、热、化学、耐水、耐久等性能，增强了材料的表达力并拓宽了材料的应用面。一般除了地面外，都可以根据设计需要应用。如图 2-4-7 和图 2-4-8 所示。

图 2-4-5　木线条实际运用 1

图 2-4-6　木线条实际运用 2

图 2-4-7　木饰面板实际运用 1

图 2-4-8　木饰面板实际运用 2

（2）铝塑板

铝塑板是由表面经过处理并用涂层烤漆的铝板作为外层，聚乙烯、聚丙烯塑料混合物作为芯层，经过一系列工艺加工复合而成的新型材料。由于铝塑板是由性质截然不同的两种材料（金属和非金属）组成，因此它既保留了原组成材料（金属铝、非金属聚乙烯塑料）的主要特性，又克服了原组成材料的不足，进而具备了众多优异的材料性质，如艳丽多彩的装饰性、耐蚀、耐冲击、防火、防潮、隔声、隔热、抗震、质轻、易加工成型、易搬运安装等特性，这些特点使铝塑板在室内设计中得到了广泛的应用。可应用在设计需要的界面和家具装饰物体上，如图 2-4-9 和图 2-4-10 所示。

图 2-4-9　铝塑板实际运用 1

图 2-4-10　铝塑板实际运用 2

（3）金属装饰板

金属装饰板的材质有铝、铜、不锈钢、铝合金等。铜或不锈钢材质的装饰板档次较高，价格也相对高，一般的居室装修选择铝合金装饰板的较多。金属装饰板多用于墙柱、栏杆和扶手等装饰部分，或用在需要的家具装饰物上。

5. 装饰石

装饰石材包括天然石材和人工石材两类。天然石材作为结构材料来说，具有较高的强度、硬度和耐磨、耐久等优良性能；天然石材经处理可以获得优良的装饰性，可对建筑物起到保护和装饰作用。此外，近些年发展起来的人造石材在材料加工生产、装饰效果和产品价格等方面都显示了其优越性，成为一种有发展前途的建筑装饰材料。

（1）大理石饰面板

天然大理石具有材质密实、抗压、色泽丰富、耐磨、耐介质侵蚀、吸水率低、不变形的特点。经研磨抛光后的大理石饰面板由于抗风化能力较差，主要用于建筑物室内饰面，如墙面、柱面、地面、造型面、台面等，一般不用于室外。如图 2-4-11 和图 2-4-12 所示。

图 2-4-11　大理石饰面板实际运用 1

图 2-4-12　大理石饰面板实际运用 2

（2）花岗石饰面板

花岗石质地坚硬、耐酸碱腐蚀、耐高低温、耐磨、耐久。它的饰面板经磨光处理后，光亮如镜，质感丰富，有华贵的装饰效果。花岗石多用于居住空间室内地面、墙面、柱面、墙裙、楼梯、台阶、踏步、水池等造型部位。

（3）人造石材

人造石材一般是指人造大理石和人造花岗石，其中以人造大理石的应用较为广泛。由于天然石材的加工成本高，因此现代建筑装饰业常采用人造石材。它具有重量轻、强度高、装饰性强、耐腐蚀、耐污染、生产工艺简单以及施工方便等优点，因而得到了广泛应用。人造石材多用于墙面和台面装饰部分。

6. 墙面砖

在建筑装饰工程中，陶瓷是最古老的装饰材料之一。随着现代科学技术的发展，陶瓷在花色、品种、性能等方面都有了巨大的变化，为现代建筑装饰装修工程提供了越来越多兼具实用性和装饰性的选择。在现代建筑装饰陶瓷中，墙面应用最多的是陶瓷釉面砖和陶瓷锦砖。它们的品种和色彩多达数百种，而且新的品种还在不断涌现。

（1）陶瓷釉面砖

陶瓷釉面砖又称内墙面砖，是用于内墙装饰的薄片陶瓷建筑制品。它不能用于室外，否则经日晒、雨淋、风吹、冰冻后，易破裂损坏。陶瓷釉面砖不仅品种多，而且有白色、彩色、无光、亚光等多种式样，并可拼接成各种图案、字画等，装饰性较强。陶瓷釉面砖多用于厨房、卫生间、浴室及内墙裙等墙面处的装修。如图 2-4-13 和图 2-4-14 所示。

图 2-4-13　陶瓷釉面砖实际运用 1

图 2-4-14　陶瓷釉面砖实际运用 2

（2）陶瓷锦砖

陶瓷锦砖俗称马赛克，是以优质瓷土烧制成的小块瓷砖。陶瓷锦砖按表面性质分为有釉和无釉两种，目前市面上的产品多为无釉锦砖，产品边长小于 40mm，因其有多种颜色和形状，拼成的图案类似织锦，故称锦砖。陶瓷锦砖具有抗腐蚀、耐磨、耐火、吸水率低、强度高以及易清洗、不褪色等特点，可用于门厅、走廊、卫生间、餐厅及居室的内墙和地面装修。现在市面上还出现了金属马赛克、玻璃马赛克、镜面马赛克等产品。如图 2-4-15 和图 2-4-16 所示。

图 2-4-15　陶瓷锦砖实际运用 1

图 2-4-16　陶瓷锦砖实际运用 2

## 三、地面装饰材料

### （一）地面涂料

用于建筑物室内地面涂层饰面的地面涂料主要是地板漆。采用地板漆饰面造价低、维修更新方便且整体性好。如图 2-4-17 和图 2-4-18 所示。

图 2-4-17　地面涂料实际运用 1

图 2-4-18　地面涂料实际运用 2

### （二）地板

#### 1. 实木地板

实木地板的基材为原木，采用质地坚硬、花纹美观、不易腐烂的木材。以木材直接加工而成的实木地板，因其纯天然的构造，至今仍然在市场上畅销不衰。木地板施工简便，使用安全，装饰效果好。其因为舒适和使用自然材料，是居住空间中最常使用的材料。实木地板主要用于客厅、卧室、书房等的地面装修。如图 2-4-19 和图 2-4-20 所示。

图 2-4-19　实木地板实际运用 1

图 2-4-20　实木地板实际运用 2

#### 2. 复合木地板

近年来，由于人造板材的迅速发展，出现了以胶合板、刨花板、硬质纤维板和中密度纤维板为基材进行二次加工制造的地板，也就是人们常说的复合木地板。其因为价格低廉、安装方便，已经成为市场的主流。复合木地板的花纹模仿自然木材纹理，可以达到以假乱真的效果，并且可以创造出一些新的纹理图案。复合木地板主要用于客厅、卧室、书房等的地面装修。如图 2-4-21 和图 2-4-22 所示。

图 2-4-21　复合木地板实际运用 1

图 2-4-22　复合木地板实际运用 2

3. 防腐木地板

防腐木是采用防腐剂渗透并固化木材后，使木材具有防腐和生物侵害功能的木材。还有一种没有防腐剂的防腐木——炭化木，又称热处理木。炭化木是将木材的营养成分炭化，通过切断腐朽菌生存的营养链来达到防腐的目的，是一种真正的环保建材。防腐木是露天木地板、户外木平台、露台地板、户外木栈道及室外木凉棚的首选材料。如图 2-4-23 和图 2-4-24 所示。

图 2-4-23　防腐木地板实际运用 1

图 2-4-24　防腐木地板实际运用 2

## （三）地面砖

1. 陶瓷地面砖

陶瓷地面砖具有质地坚实、耐热、耐磨、耐酸、耐碱、不渗水、易清洗、吸水率低、

色泽统一美观、图案样式多、装饰效果好、易于批量生产等特点。随着科技的发展，现代地面砖已从早期的釉面砖发展到玻化砖、微晶砖等，尺寸也从小尺寸发展到大尺寸。陶瓷地面砖主要用于客厅、厨房、卫生间等的地面装修。如图 2-4-25 和图 2-4-26 所示。

图 2-4-25　陶瓷地面砖实际运用 1

图 2-4-26　陶瓷地面砖实际运用 2

2. 水磨石地面

水磨石地面是将碎石拌入水泥制成混凝土制品后磨光表面的产品。低廉的造价和良好的使用性能，使其在大面积建筑空间里被广泛地采用，但一般居住空间里面很少用到。如图 2-4-27 和图 2-4-28 所示。如今，现代室内设计也有不对水泥混凝土地面进行打磨的情况，以追求一种随意、简洁的个性装修风格。

图 2-4-27　水磨石地面实际运用 1

图 2-4-28　水磨石地面实际运用 2

### （四）塑料地板

塑料地板即用塑料材料铺设的地板，有块材和卷材两种规格。其品种、花样、图案、色彩、质地、形状的多样化能满足不同人群的爱好和各种用途的需要，如模仿天然材料，效果十分逼真，且能隔热、隔声、防潮，容易清洁保养。塑料地板主要用于客厅、卧室、书房等的地面装修。如图 2-4-29 和图 2-4-30 所示。

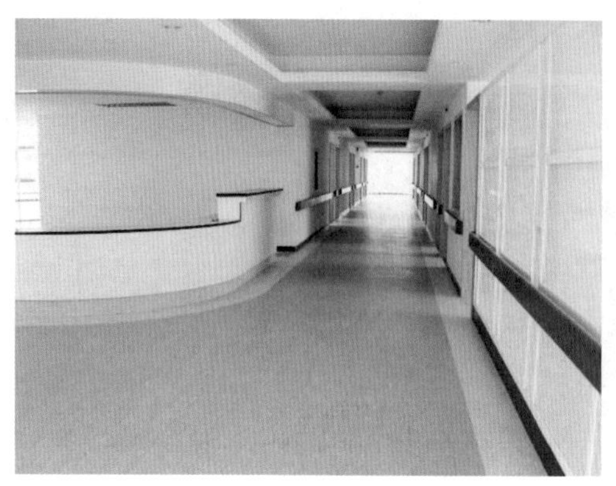
图 2-4-29　塑料地板实际运用 1

图 2-4-30　塑料地板实际运用 2

## （五）地毯

地毯是以棉、麻、毛、丝、草等天然纤维或化学合成纤维为原料，经手工或机械工艺进行编结、植绒或纺织而成的地面铺装物。地毯柔软厚实，富有弹性，行走舒适，并有很好的隔热、隔声效果，可调节室内氛围。在现代装修中常常采用的是固定黏结式铺装地毯和倒刺板卡条铺装地毯，主要应用于客厅、书房、卧室等的地面装修。如图 2-4-31 和图 2-4-32 所示。

### 1. 纯毛地毯

纯毛地毯的主要原料为粗羊毛。纯毛地毯因具有质地柔软、耐用、保暖、吸声、柔软舒适、弹性好、拉力强等优点而深受人们的喜爱。家庭室内装饰常采用小块面纯毛地毯进行客厅或卧室的局部铺设。

### 2. 化纤地毯

化纤地毯的外观与手感类似纯毛地毯，具有吸声、保暖、耐磨、抗虫蛀等优点，但弹性较差，质感较硬，容易吸尘积灰。

### 3. 混纺地毯

混纺地毯是在羊毛纤维中加入化学纤维而成的，结合了纯毛地毯和化纤地毯两者的优点。

图 2-4-31　地毯实际运用 1

图 2-4-32　地毯实际运用 2

## 四、吊顶装饰材料

### （一）塑料扣板

塑料扣板又称 PVC 扣板，是以聚氯乙烯树脂为主要原料，加入适量的抗老化剂、改性剂等，经混炼、压延、真空吸塑等工艺而成。它具有轻质、隔热、保温、防潮、阻燃、施工简便等特点。塑料扣板的规格、色彩、图案繁多，极富装饰性，多用于厨房、卫生间和其他顶面的装饰。如图 2-4-33 和图 2-4-34 所示。

图 2-4-33　塑料扣板实际运用 1

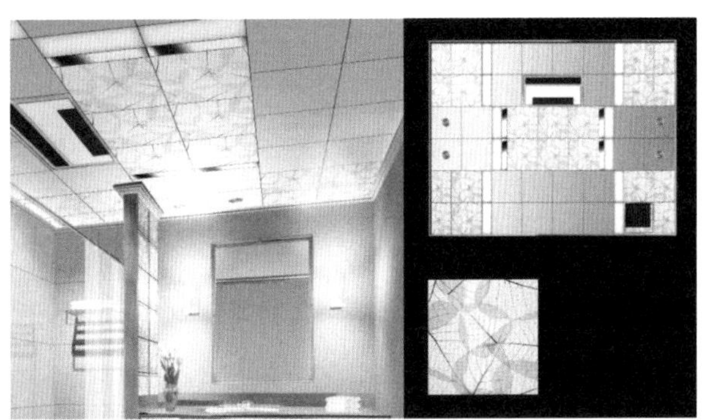

图 2-4-34　塑料扣板实际运用 2

### （二）木质装饰板

木质装饰板是利用天然树种（如水曲柳、橡木、榉木、枫木、樱桃木等）制成的装饰单板或人造木质装饰单板通过精密加工制得的薄木片，是采用先进的胶粘工艺，经热压制成的一种高级装饰板材。木质装饰板分为天然木质贴面和人造木质贴面。其纹理图案自然真实、立体感强，主要应用于顶棚造型装饰和一些立面造型装饰。如图 2-4-35 和图 2-4-36 所示。

图 2-4-35　木质装饰板实际运用 1

图 2-4-36　木质装饰板实际运用 2

## （三）石膏板

石膏板分为装饰石膏板、纸面石膏板、嵌装式装饰石膏板、耐火纸面石膏板、耐水纸面石膏板、吸声用穿孔石膏板等。不同品种的石膏板应该使用在不同的部位，如普通纸面石膏板适用于无特殊要求的部位，如室内吊顶等；耐水纸面石膏板的板芯和护纸面均经过了防水处理，适用于潮湿场地。一般来说，石膏板主要用于顶棚和一些隔断部分。如图 2-4-37 和图 2-4-38 所示。

图 2-4-37　石膏板实际运用 1

图 2-4-38　石膏板实际运用 2

## （四）金属扣板

金属扣板又称铝扣板，其表面通过吸塑、喷涂、抛光等工艺，光洁艳丽，色彩丰富，正在逐渐取代塑料扣板。金属扣板耐久性强、不易变形、不易开裂，在质感和装饰感方面优于塑料扣板，具有防火、防潮、防腐、抗静电、吸音隔音、美观耐用等性能。金属扣板分为吸音板和装饰板两种，其形状有方形和条形，多用于顶面装饰。如图 2-4-39 和图 2-4-40 所示。

图 2-4-39　金属扣板实际运用 1

图 2-4-40　金属扣板实际运用 2

## 五、其他装饰材料

### （一）人造板材

人造板是装饰和装修中大量应用的基本材料，是将木材、竹材、植物纤维等材料先经过加工制成纤维、刨花、碎料、单板、薄片、木条等基本单元，再经干燥、施胶、铺装、热压等工序制成的一类板材。这类板材品种很多，包括胶合板、软质纤维板、硬质纤维板、中密度纤维板、普通刨花板、定向刨花板、微粒板、实心细木工板、空心细木工板等，大多以木材采伐剩余物、加工剩余物、间伐材、速生工业用材或非木材植物，如竹材、蔗渣、棉秆、麻秆、稻草、麦秸、高粱秆、玉米秆、葵花秆、稻壳等为主要原料，资源广泛，成本低廉，是建筑和装饰装修领域今后会大力发展的材料。

#### 1. 胶合板

胶合板行内俗称细芯板，由三层或多层 1mm 厚的单板或薄板胶贴热压制成。它是目前手工制作家具中最为常用的材料。胶合板一般分为 3 厘板、5 厘板、9 厘板、12 厘板、15 厘板和 18 厘板六种规格。如图 2-4-41 和图 2-4-42 所示。

图 2-4-41　胶合板 1

图 2-4-42　胶合板 2

2. 细杠板

细杠板俗称大芯板，是由两片单板中间胶压拼接而成。它具有质轻、易加工、握钉力好、不变形等优点，是制作室内装修和高档家具的理想材料。如图 2-4-43 所示。

3. 刨花板

刨花板是以木材或木材加工剩余物为原料，在加工成碎料后，加入胶水和添加剂压制而成的薄型板材。其具有密度均匀、表面平整光滑、尺寸稳定、无结疤和空洞、易加工等优点。如图 2-4-44 所示。

图 2-4-43　细杠板

图 2-4-44　刨花板

4. 密度板

密度板又称纤维板，是以木质纤维或其他植物纤维为原料，施加适用的胶粘剂制成的人造板材。按其密度的不同，分为高密度板、中密度板、低密度板。如图 2-4-45 和图 2-4-46 所示。

图 2-4-45　密度板 1

图 2-4-46　密度板 2

以上各种人造板材除了用于室内隔断和造型中，更多的是应用在家具的设计制作中。

（二）玻璃

玻璃是现代室内装饰的主要材料之一，大体上分为平板玻璃、钢化玻璃、夹层玻璃及中空玻璃几类。

随着现代建筑发展的需要和玻璃制作技术的飞速进步，玻璃正在向多品种、多功能的方向发展。例如：玻璃制品的功能由过去单纯的采光和装饰，逐渐向控制光线、调节热量、节约能源、控制噪音、改善空间环境、提高艺术表现力等方向发展。具有高度装饰性和多种适用性的新品种玻璃不断出现，为室内装饰装修提供了更多的选择。

玻璃主要用于室内装饰的各种隔断、艺术墙面、顶棚装饰等。

### （三）金属

金属材料在建筑上的应用具有悠久的历史。在现代居住空间中使用的金属材料品种繁多，包括钢、铁、铝、铜及合金材料等。它们耐久、易加工、表现力强。金属材料还能给人精美、高雅及高科技的感觉，因此成为一种新型的“机器美学”的象征，被广泛采用。例如：柱子外包不锈钢板或铜板，墙面和顶棚镶贴铝合金板，楼梯扶手采用不锈钢管或铜管，隔墙、幕墙使用不锈钢板等。

金属材料多用在墙面、顶棚、隔墙和楼梯扶手等处。

### （四）个性化装饰材料

个性化装饰材料是指能充分地表达和展现设计师设计意图的物质材料。其实，在生活中看起来十分普通的物质材料都能作为居住空间的装饰材料。在现代设计中，常规的建筑装饰材料已经不能满足人们越来越个性化的需求，因此，个性化的材料作为室内设计的亮点，烘托局部的气氛，往往能达到很好的设计效果。

## 六、现代室内装饰材料的发展特点

科学的进步和生活水平的不断提高，推动了建筑装饰材料工业的迅猛发展。除了产品的多品种、多规格、多花色等常规观念的发展外，近年来的装饰材料又有了如下发展特点。

1. 轻质高强度材料

现代建筑向高层发展，对材料的密度有了新的要求。从装饰材料的用材方面来看，人们越来越多地应用如铝合金这样的轻质高强度材料；从工艺方面看，工厂越来越多地采取中空、夹层、蜂窝状等形式制造的轻质高强度材料。此外，采用高强度纤维或聚合物与普通材料复合，也是提高装饰材料强度而降低其重量的方法。近年来应用的铝合金型材、镁铝合金覆面纤维板、人造大理石及中空玻化砖等产品就是例子。

2. 多功能性材料

近年来发展极快的镀膜玻璃、中空玻璃、夹层玻璃、热反射玻璃等，不仅调节了室内光线，也配合了室内的空气调节，节约了能源。各种发泡型、泡沫型吸声板乃至吸声涂料，不仅装饰了室内，还降低了噪音。以往常用作吊顶的软质吸音装饰纤维板已逐渐被矿棉吸音板代替，原因是后者有极强的耐火性。对于现代高层建筑，防火性已是装饰材料不可缺少的指标之一。常用的装饰壁纸，现在也有了抗静电、防污染、报火警、防辐射、防虫蛀、防臭、隔热等不同功能和多种型号。

### 3. 向大规格、高精度发展

建筑装饰材料的发展趋势是大规格、高精度。例如：陶瓷墙地砖以往的幅面均较小，现在多采用 600mm × 600mm、800mm × 800mm 的规格，甚至有 1000mm × 1000mm 的墙地砖。

### 4. 向规范化、系列化发展

装饰材料种类繁多，涉及专业面很广，具有跨行业、跨部门、跨地区的特点，在产品的规范化、系列化方面有一定的难度。虽然目前已初步形成门类品种较为齐全、标准较为规范的工业体系，但总体来说，很多装饰材料产品尚未规范化和系列化，有待相关行业进一步努力。

## 七、常用吊顶形式

吊顶的形式首先取决于选用的材料，不同材料的不同构造方式决定了它们所能接受的形式。

### （一）石膏板吊顶

石膏板是以熟石膏为主要原料，掺入添加剂与纤维而制成的，具有质轻、隔热、吸声、耐火和可锯等性能。常用的纸面石膏板有如下特性：

1）施工安装方便，节省占地面积。纸面石膏板的可加工性很好，可锯、可刨、可钻、可贴，施工灵活方便。

2）耐火性能好。一旦发生火灾，石膏板中的二水石膏就会吸收热量进行脱水反应。

3）隔热保温性能好。纸面石膏板的导热系数只有普通水泥混凝土的 9.5%，是空心烧结砖的 38.5%。

4）不会膨胀收缩。纸面石膏板的线膨胀系数很小，加上又在室温下使用，所以它的线膨胀系数可以忽略不计。

5）有特殊的“呼吸”功能。这是对它的吸湿解潮功能的一种形象描述。这种“呼吸”功能的最大特点是能够调节居住及工作环境的湿度，创造一个舒适的小气候。

### （二）矿棉板吊顶

矿棉板具有吸音、耐火、隔热等优越性能，是集众吊顶材料之优势于一身的室内天棚装饰材料，广泛用于各种建筑吊顶、贴壁的室内装修，如宾馆、饭店、剧场、商场、办公场所、播音室、演播厅、计算机房等。该产品能控制和调整混响时间，改善室内音质，降低噪音，改善生活环境和劳动条件。此外，该产品耐火，能满足建筑设计的防火要求。

1）降噪性好。矿棉板以矿棉为主要生产原料，而矿棉微孔发达，能减小声波反射、消除回声、隔绝楼板传递的噪音。

2）吸声性好。矿棉板是一种具有优质吸音性能的材料。在用于室内装修时，其平均吸声率可达 0.5 以上，适用于办公室、学校、商场等场所。

3）隔音性好。矿棉板能有效地隔断各室的噪音，营造安静的室内环境。

4）防火性好。矿棉板是以不燃的矿棉为主要原料制成的，在发生火灾时不会燃烧，从而能有效地防止火势的蔓延。

### （三）其他板材吊顶

除了石膏板和矿棉板，很多板式建筑材料都可以用于吊顶，如夹板（也称胶合板）。它是将原木经蒸煮软化后，沿年轮切成大张薄片，再经干燥、整理、涂胶、组坯、热压、锯边而成，具有材质轻、强度高、弹性和韧性良好、耐冲击和震动、易加工涂饰、绝缘等优点。

选择用夹板吊顶，一般用 5 厘的。因为 3 厘的太薄容易起拱，9 厘的又太厚。夹板受欢迎的原因在于其能轻易地创造出各种各样造型的吊顶，包括弯曲的、圆的、方的。夹板的一个缺点是怕白蚁。补救方法是喷洒防白蚁药水。夹板吊顶的漆过一段时间可能会掉，因此在装修时一定要先刷清漆（光油），干了之后再进行后续的工序。夹板的另一个缺点是接口处会裂开，处理方法是在装修时用原子灰来补口。

### （四）铝合金扣板吊顶

铝合金扣板是一种中档装饰材料，装饰效果别具一格，具有重量轻、色彩丰富、外形美观、经久耐用、容易安装、工效高等特点，可连续使用 20～60 年。除用于室内吊顶外，还可做复合墙板。其中，铝合金花纹板、波纹板，花饰精巧、色泽美观，装饰效果非常好，在厨房、厕所等容易脏污的地方经常使用。

### （五）玻璃吊顶

玻璃吊顶是利用透明、半透明或彩绘玻璃作为室内顶面的一种吊顶形式。这种吊顶主要是为了采光、观赏和美化环境，可以做成圆顶、平顶、折面顶等形式，给人以明亮、清新、室内见天的神奇感觉。玻璃成型后很难再加工，但是在熔制过程中可以加工出不同的造型、色彩与质感。利用玻璃的透明性与光怪陆离的色彩可以设计出有多种图案、光彩夺目的顶棚形式。一般来说，玻璃吊顶往往采用内部照明制成发光顶棚，但在使用时要慎重，为了避免炫目与不安定感，最好只用于局部。

### （六）格栅吊顶

格栅吊顶常用木格栅或铝格栅。与板材吊顶不同，无论采用间距多少的间隔，透过格栅，用户都会看到顶棚结构，因此比较通透。适用于大型的空间，如办公空间等。

## 能力训练

作业名称：材料的应用和标注。

作业形式：在设计图上粘贴材料图片或者另外去整理实物材料并粘贴在一起。

作业要求：在平面图、立面图、顶棚图上标注材料名称，并尽可能将实物（或材料的图片）粘贴在一起。

# 第五节　居住空间软装饰设计

## 本节概述

在现代居住空间设计中，趋势是“轻装修、重装饰”，即推崇软装饰。软装饰一般是指在室内装修完毕之后，利用那些易更换、易变动位置的饰物与家具进行装饰。软装饰既可以体现主人的生活习惯、兴趣爱好及个性品位，也可以满足人们自己动手参与设计的欲望。

## 学习目的

通过本节的学习，学生应认识软装饰在居住空间设计中的重要作用并掌握基本的应用设计。

软装饰是相对原建筑本身的硬结构空间提出的概念，是对室内视觉空间的延伸和发展。软装饰一般是指室内装修完毕之后，利用那些易更换、易变动位置的饰物与家具，如窗帘、沙发套、靠垫、工艺台布、绘画作品及装饰工艺品、装饰铁艺等，对室内进行的二度陈设与布置。家居饰品作为可移动的装修，更能体现主人的品位，是营造家居氛围的点睛之笔，它打破了传统的装修行业界限，将工艺品、纺织品、收藏品、灯具、花艺、植物等进行重新组合，形成一个新的理念。软装饰更可以根据居室空间的大小形状，主人的生活习惯、兴趣爱好和经济情况，从整体上综合策划装饰装修设计方案，体现主人的个性品位。如果家装太陈旧或已经过时，需要改变，则也不必花很多钱重新装修或更换家具，就能呈现出不同的面貌，给人以新鲜的感觉。

目前，“轻装修、重装饰”不再是一句口号，它的概念已经悄悄深入人心。人们对生活品质的追求正在不断提升，越来越多的人开始把目光投向室内装饰的品位、内涵和情趣。既要花钱少、费时少，又要满足人们可以自己动手设计和布置的欲望，这些已经成为居室装修必须考虑的因素。

## 一、软装饰的分类

### 1. 室内纺织品

室内纺织品亦可统称为“布艺”，是软装饰中使用最多的一种元素，范围从窗帘、纱、幔、床上用品、布艺沙发到地毯、壁挂和各房间的家具蒙面等。

### 2. 书画作品

书画作品是营造室内空间艺术氛围的环境设计作品，多为中国的书法、绘画，也有西方的油画、水彩画、装饰画等。

### 3. 室内景观绿化

室内景观绿化是装点和净化环境的重要手段，如山石、水景、植物等。

### 4. 工艺陈设品

工艺陈设品是点缀环境、彰显品位的重要物件，如瓷器、玻璃器皿、挂件等。

### 5. 灯具

灯具不仅可以用于照明，其式样造型、色彩材质都具有强烈的装饰效果。灯具可分为吊灯、壁灯、台灯及落地灯等。

## 二、软装饰在室内设计中的作用

软装饰对现代室内空间设计起到了烘托室内气氛、创造室内环境意境、丰富空间层次、强化室内环境风格、调节环境色彩等作用。毋庸置疑，它对室内设计起到了画龙点睛的作用。

### 1. 软装饰在居住空间中的衬托作用

无论是室内家具的摆放、工艺陈设，还是在室内活动的人，都需要有相应的背景作为衬托。例如：在客厅里使用羊毛毯、化纤毯等，都可以烘托室内气氛。在小空间里，可适当在茶几下铺设地毯，以体现客厅的主题。沙发的靠垫或装饰布可以增加温馨的气氛，这也是改变家具颜色的最方便的方法。

#### 2. 软装饰在居住空间中的装饰作用

软装饰的装饰作用就是美化室内环境，通过美观的装饰物的色泽、肌理、图案等给人以视觉美感，使空间里面的物体与环境协调统一，最终达到装饰的目的。

#### 3. 软装饰在居住空间中的调整作用

软装饰的随意性大，便于更换，且能体现不同的装饰风格和品位，因此设计师可以利用这一优势对室内许多不理想的方面进行调整。

#### 4. 软装饰在居住空间中的分隔作用

现代室内设计的趋势是争取流动的、具有可变性和参与性的空间，而软装饰的利用是达到这种目的的重要手段。利用帘帐、织物屏风等划分室内空间，具有很大的灵活性和可控性，提高了空间的利用率和使用质量。

#### 5. 软装饰在居住空间中的系列性

系列变化是渐变、渐次、退晕、层次、统一、和谐、整体等形式法则的主要表现。各种软装饰都有其自身的系列性，都可以构成系列变化，形成统一的风格。

### 三、软装饰的设计

软装饰的设计是指对室内空间中所有需要进行安置、摆设、悬挂的物品，从其风格式样、材质面料、大小形状、色彩灯光等进行全方位、整体的设计。

#### 1. 字画

在居室悬挂字画的风气由来已久。我国古代画论有“坐卧高堂，究尽泉壑”之说。17世纪的欧洲，在客厅、卧室挂画就已成为一种普遍的风气。在室内悬挂字画，可以渲染艺术气氛、开阔视野、增添美感、陶冶情操、愉悦身心、联络情谊。然而，字画的悬挂是有讲究的。如图 2-5-1 和图 2-5-2 所示。

图 2-5-1　软装设计（字画 1）

图 2-5-2　软装设计（字画 2）

（1）“人要装，画要框”

一幅好的字画，最好能装裱或加框后再悬挂。中国字画以水墨为主调，画框要有流畅的线条，颜色一般用深棕色、黑褐色或黑色，这样才能与字画的格调统一，突出高雅、古朴的风格。油画的立体感、空间感、层次感、质感和色调感都很强，因此只有镶进画框里，才能成为一件完整的艺术品。对于水彩画、摄影等艺术作品，给画框镶上玻璃可使其装饰性更强。

（2）色彩协调

字画的形式内容和色彩选择一定要考虑与居住空间的界面及家具的色彩搭配，这样才能营造出清新淡雅的意境。

（3）采光合理

字画的悬挂与采光有着密切的联系，应将字画悬挂在采光好且开阔的墙面上，如床边、迎面墙、书桌、茶几和沙发等低矮家具上方，不宜挂在角落阴影处或高大的家具旁。

（4）高低疏密适宜

为便于欣赏，字画中心一般距离地面 1500mm～1800mm，这个高度正好处于人直立的平行视线的偏高位置上，因此看起来感到最为合适。另外，中国的书画宜疏不宜密，正所谓“室雅何须大，花香不在多”；油画等艺术作品可以根据墙面空间的大小来选择画幅尺寸及数量，进行高低适宜、疏密有致的悬挂。

## 2. 室内绿化

现代居住空间中常常应用植物来绿化空间环境，不仅有一定的净化环境、美化空间的作用，还能使室内充满生命活力。因此，在居住空间设计里，室内绿化也是不可缺少的主要内容之一。如图 2-5-3 和图 2-5-4 所示。

图 2-5-3　室内绿化 1

图 2-5-4　室内绿化 2

常用绿色植物的空间设计：

1）门厅：靠墙角处可摆放暖色的大叶植物，表示对来客的热烈欢迎，如观音竹、仙客来等。

2）客厅：墙角、餐桌边、沙发转角处，可放一些细长的植物，如棕竹、散尾葵等。

3）卧室：在床头柜上可放一些干花。

4）阳台：以观叶植物为主。

5）书房：布置盆景、吊兰，显得书香气十足，还可搭配西洋杜鹃、万年青等。

6）卫生间：墙上适当点缀一些花草即可。

### 3. 室内灯光

灯光是室内软装饰中最重要的元素之一。一是用于居室空间的照明；二是可以利用灯光照射的范围、强弱、造型光的色彩冷暖来装饰室内环境，限定空间，营造气氛。灯光既可营造出磅礴的气势，也可营造出温馨浪漫的气氛，还可以通过点光源形成视觉的中心，处理装饰中的死角或暗角，从而得到别有韵味的情趣。如图 2-5-5 和图 2-5-6 所示。

图 2-5-5　室内灯光设计 1

图 2-5-6　室内灯光设计 2

### 4. 工艺陈设品

工艺陈设品就是我们常说的摆设。室内工艺陈设品的选择和布置，重点要处理好陈设品和家具之间、陈设品和空间界面之间、陈设品和室内风格之间的造型样式、大小比例、色彩等关系。如图 2-5-7 和图 2-5-8 所示。

1）陈设品应与室内使用功能相一致。一幅画、一件雕塑、一副对联，它们的线条、色彩，不仅要表现本身的主题，也应和空间场所相协调，只有这样才能反映不同的空间特色，形成独特的环境氛围，赋予环境深刻的文化内涵。

2）陈设品的大小形状应与家具尺寸形成良好的比例关系。陈设品如果过大，会使空间显得小而拥挤，过小又可能使人产生室内空间过于空旷的感觉，如沙发上的靠垫做得过大，会使沙发显得很小，而过小则又如玩具一样很不相称。

图 2-5-7　室内工艺陈设品 1　　图 2-5-8　室内工艺陈设品 2

3）陈设品的色彩、材质也应与家具、装修色彩、材质整体协调。在色彩上，可采取对比的方式突出重点，起到改变室内气氛和情调的作用。例如：以无彩色系处理的室内色调偏于冷淡，常可利用一簇鲜艳的花卉，或一对暖色的灯具，使整个室内气氛活跃起来。也可采取色彩调和的方式，使家具和陈设之间相互呼应、彼此联系，形成整体的协调效果。

4）陈设品的布置应与室内设计和家具风格形成统一的风格。在选择陈设品时，要充分考虑陈设品的风格式样是否与室内的风格和主要家具的风格相协调，如中式风格的室内装饰适合选择青花瓷、木质装饰物等。

## 能力训练

作业名称：软装饰设计。

作业形式：在手绘图纸或在计算机上完成均可。

作业要求：给自己的设计作品或者其他的设计作品添加软装饰。

# 第六节　居住空间设计中的禁忌

## 本节概述

鉴于地理气候、风流水向、住宅朝向、色彩心理等因素对人们生活的影响，在中国传统民俗文化中，存在很多与居住空间有关的禁忌，而这些禁忌大多与人的生理要求和趋吉避凶的心理需求有关。

## 学习目的

通过本节的学习，学生应初步了解居住空间设计中的禁忌，并在设计中合理规避。

下面就居室空间方位、家具布置、色彩设计、植物布置等方面的禁忌进行解析，以供参考和规避。

### 一、空间方位方面的禁忌

#### 1. 门口处不宜厨厕夹对

打开门后不宜见厨房和卫生间在玄关位置夹对。卫生间是人们如厕及进行个人卫生活动的地方，而厨房里的油烟、气味也会弥散到门外来，二者相合，对身体十分不利。

#### 2. 开门不宜直接看到窗外

门窗直接相对，房间内的对流风太大，长此以往对健康不利。

#### 3. 开门不宜正对卫生间门

推门进屋，第一眼就看见卫生间门，不论远近都不宜，一来不雅，二来影响私密性。一般现代居住空间很少将卫生间设计在门口处，但一些老式的住宅是这样的布局，在重新装修时，如有条件，可把卫生间门改朝其他方向。

#### 4. 开门不宜正对卧室门

如果推门进屋，正对卧室，进门的家人或客人有可能不经意看到卧室里面，这可能会造成尴尬。另外，大门敞开，风吹直入，对身体也不利。

#### 5. 厨房门与卫生间门不宜直对

厨房与卫生间虽不在进门处夹对，但也应注意在整个居住空间内不要相对，二门错开为宜。一为就餐，一为如厕，无论从人的心理上还是卫生角度讲，都不宜相对。

#### 6. 卧室门不宜对卧室门

在户型设计中，这类情况较为多见，两门相对影响各自使用者的私密性。可通过装修改造来保持空间的独立性。

#### 7. 卧室门不宜对卫生间门

卧室门不宜与卫生间门正对，如果是一半相对，在装修时再错开一点即可。人的起居之所，最好空气新鲜，因此不宜与卫生间相对。

#### 8. 卧室门不宜对厨房门

厨房门如果与卧室门相对，油烟会飘入室内，附着在家具和电器上，不易清洁。在目

前的设计图中，厨房门与卧室门相对的情况并不多见。

9. 主卧内的卫生间门不宜对着主卧睡床

凡是双卫生间的户型，第二卫生间通常设在主卧内，卫生间门开向主卧床的格局较为多见，在这种情况下，宜将卫生间门改朝其他方向。

10. 两面镜子不宜正面相对而挂

虽然镜子有增强空间感的功效，但并不是家中放镜越多，就越能增强家居空间感的。两面镜子的影像来回反照会使人身体不适，产生眩晕感。

11. 镜子不宜对窗

如果窗外有别的住户，强日光的反射可能影响他人的生活起居；即使没有其他住户，一旦窗外有强光射入，在室内经过反射，也会使居室内的人产生不适感。

12. 大门不宜直通到底

一进门就立刻看到后门，一来给人的心理感觉不好；二来，寒冷季节，如家中有老人或病人，寒气易侵入，对健康不利。

13. 忌采光不看窗户朝向

面南或面东的窗户能够引入温暖的阳光，早晨的阳光照在室内，给人生气勃勃的感觉；面北窗户引入的光线更加柔和；从西面来的日照光线最强，尤其是夕阳洒在室内，更是别有情调。因此，精心设计窗户朝向，不仅有利于采光，还能增强室内空间的视觉效果。

14. 卫生间不宜设在房子中央

如果卫生间设在住宅的中央，给水和排水可能均要通过其他房间，维修非常困难，而且如果排污管道也需要通过其他房间，那就更加不便了。

15. 卫生间不宜与厨房相连

厨房紧邻卫生间，卫生不易保证。

## 二、家具布置方面的禁忌

不同的家具布置会给人不同的印象。家具合理搭配，布置恰到好处，会给人一种安全舒适的感觉。古人认为，好的家具布置可以使不平衡的房间获得平衡，从而使气流通畅，改变居住者的精神面貌。

1. 卫生间的镜子不可太小

卫生间必须有镜子，并且可以稍大，供梳妆敛容用，可增大视觉面积及拓展视觉空间。

2. 客厅不宜有梁柱

首先，柱子会将客厅空间分隔，显得空间小，使客厅家具不好摆放；其次，柱子上大多会有横梁，不仅降低了室内空间高度，从心理上讲，也会使人有压迫感。因此，在室内设计时，多采用包梁的方式来取得好的视觉和心理效果。

### 3. 书桌不宜放在横梁之下

读书、学习的人长期坐在处于横梁下的书桌前，会感到很强的压迫感。

### 4. 字画悬挂不宜过高或过低

字画悬挂要高度适中，挂画的高度应距地面 1.5m～2.0m。字画悬挂位置宜选在室内与窗成 90° 角的墙壁处，这可使自然光源与画面和谐统一，真实感强。另外，同一室中的字画应保持在同一水平高度。画框既可平贴墙，也可稍前倾（一般前倾 15°～30°）。

### 5. 餐桌不宜直对厕所门

餐桌忌与厕所门直对，以免影响食欲。

## 三、色彩设计方面的禁忌

有关五行的色彩运用与搭配自古便出现在中国人的生活中。有“风水活化石”之称的紫禁城，其色彩搭配就绝妙地体现了五行相生的原则——紫禁城的城墙是红色的，而上面的琉璃瓦及众多殿宇的屋顶为黄色，体现了五行中火（红色）土（黄色）相生的原理。历经数百年沧桑，紫禁城在今日更显其庄严富丽的王者风范。而这恰恰印证了我国古代哲学思想与建筑艺术的完美结合。中山公园（社稷坛）内的五色土，涵盖中华大地东南西北中，更是五行观念的集中体现。

五行间相生相克的基本关系如下：

相生——木生火、火生土、土生金、金生水、水生木。

相克——木克土、土克水、水克火、火克金、金克木。

### 1. 室内色彩不宜杂乱

室内的色彩应以简洁为宜，一定不可太多、太艳、太杂乱。尤其是空间已显狭小的房间，最好是墙与顶面用同一种颜色，外加一条墙与顶棚相交处的角线以产生纵深感，而窗帘、床罩和沙发套最好用同一种颜色或图案来增强统一效果。

### 2. 厨房不宜用纯白色

纯白色的厨房虽然看起来美观大方，但因为厨房的油烟比较大，白色墙壁很容易被污染，纯白色不久之后就可能变成灰白斑驳的花色，影响美观。

### 3. 家具颜色不宜太过繁杂

家具的颜色可以采用墙面的近似色或非近似色，但同一间房间的家具颜色应达到和谐统一，不能太过繁杂，以免五花八门使人眼花缭乱。不同种类的家具颜色应有明暗的变化，以使室内色彩有层次感。

4. 餐厅不宜使用让人倒胃口的色彩

灰、芥末黄、紫或青绿色常会使人倒胃口，餐厅应该尽量避免使用这些颜色。

5. 卧室颜色不宜过“暖”

卧室的颜色最好能让人心情舒畅，以达到获得良好休息的效果，但是也不宜将卧室色彩设计得过“暖”，如红色会影响睡眠，因为红色代表热情，整个卧室充满了红色，会让人过于激动，以致睡眠不佳。

6. 卫生间不宜采用绿色的墙面

卫生间不要选择绿色的墙面，以免从墙上反射的光线使人照镜子时因觉得面如菜色而心情不佳，浅粉色或近似肉色的色调会令人放松，觉得愉快。

7. 不宜大量使用有色漆

房间的装饰设计不能为片面追求色彩而大量使用有色漆，以免造成室内铅污染和视觉压迫。

8. 顶棚颜色不宜太深

如果顶棚的颜色比地板和墙壁的颜色深，会给人一种头重脚轻的压迫感。

9. 书房色彩不宜过“艳”

由于书房是长时间使用的场所，应尽量避免强烈的色彩刺激，宜多用明亮的浅色或灰棕色等中性色。顶棚的处理应考虑室内的照明效果，一般用白色，以便通过反光使四壁明亮。

10. 餐厅墙壁色彩不宜花哨

用令人眼花缭乱的色彩修饰餐厅，颜色过于繁杂鲜艳，会让人坐立不安，从而影响进食。

## 四、植物布置方面的禁忌

在居住空间中培育、摆放植物自古以来都有，不同种类、不同形态的植物的生长和对空间环境的作用是不一样的。因此，在选择植物时要慎重，最好选择叶面宽大或是生命力强的花卉。

1. 不宜摆放危险花卉

有些花卉虽然美观，但不宜摆放在家中，如月季花，会使人闻后感到胸闷不适，呼吸困难；兰花久闻会令人因过度兴奋而失眠；紫荆花的花粉如果与人接触过久，会诱发哮喘或使咳嗽症状加重；夜来香会使高血压和心脏病患者头晕目眩，甚至加重病情；郁金香则含有一种导致毛发脱落的物质。

2. 不宜栽种不适合室内养的花木

不适合在室内养的花木有以下几种：带刺的花木，针叶状的花木，松柏类的花木，夜来香一类白天呼出氧气、晚上呼出二氧化碳的花木。

3. 植物枝叶不应向下延展

在走廊等局部空间突然放大的地段，可配备一些较大型的花卉，如龟背竹、散尾葵、龙血树、棕竹、橡皮树等，以改变单调的环境。要注意，植物的叶部应向高处延展，使其不妨碍人们的视线与出入。

4. 室内盆栽不宜太多

配置植物应首先着眼于装饰美，数量不宜多。数量太多不仅杂乱，而且对植物的生长也不好。选择植物时须注意大小搭配。此外，植物应靠角落放置，以免妨碍人的活动。

5. 卧室不宜摆放过多植物

卧室内放置植物，有助于提升休息与睡眠的质量。在宽敞的卧室里，可选用站立式的大型盆栽；小一点的卧室则可选择吊挂式的盆栽，或将植物套上精美的套盆后摆放在窗台或化妆台上。

6. 餐厅不宜摆放高大的植物

餐厅植物在摆放时要注意，植物的生长状况要良好，植株要低矮，这样才不会妨碍与相对而坐的人交流。适宜摆放的植物有番红花、仙客来、四季秋海棠、常春藤等，但在餐厅中要避免摆设气味过于浓烈的植物，如风信子等。

7. 不宜栽植有毒和刺类植物

杜鹃花、含羞草、虞美人、马蹄莲、水仙花、一品红、飞燕草、紫藤、花叶万年青、石蒜、麦仙翁、如意、百合及洋绣球等均为有毒的植物，不适于在家里栽植。不宜栽植有刺的花或仙人掌，避免伤人。

## 能力训练

作业名称：掌握居住空间设计的各种禁忌。

作业形式：在自己选择的居住空间图中，用文字说明居住空间设计的各种禁忌。

作业要求：每个同学在其他同学设计的图中去分析了解，发现问题，并说明原因。

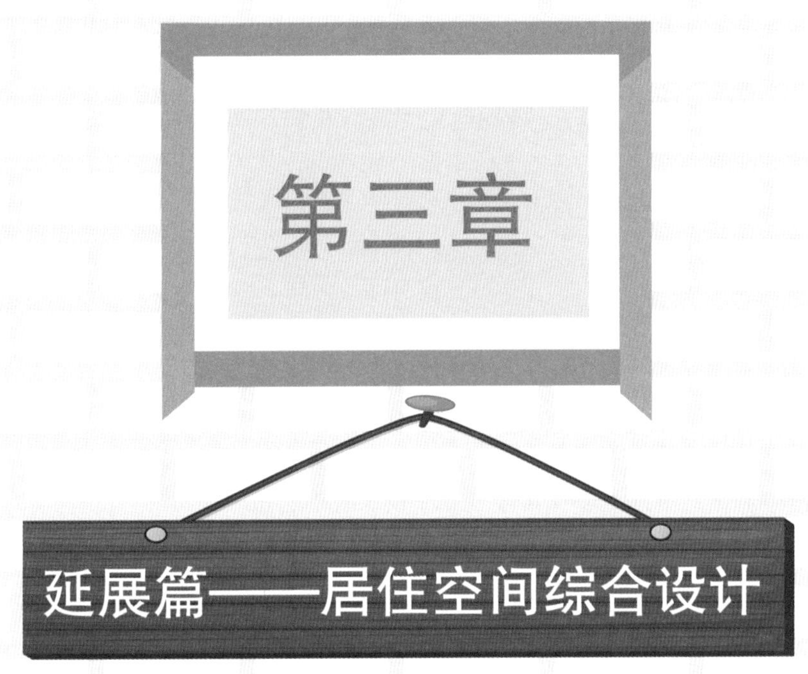
第三章
延展篇——居住空间综合设计

# 第一节　中小户型居住空间设计

通过中小户型居住空间设计的学习，学生应掌握中小户型居住空间设计的整体流程，掌握项目设计分析、判断和定位，了解人体工程学在中小户型居住空间中的运用，解决实际问题，并能最终完成方案设计并绘制各阶段相应的图纸。

## 学习目的

通过本节的学习，学生应能进行设计项目分析，完成相关图纸的绘制，并解决客户的实际问题。

## 一、中小户型空间概念

### （一）中小户型的概念

小户型通常可从两个方面去理解，一是成套住宅定义上的小户型，二是小面积的公寓或商务公寓。一般认为，套内面积在 60 ㎡以下的都可称作小户型。小户型住宅面积虽小，但相应配套设施齐全，其地理位置一般是在市中心或交通便利的地方。

居住住宅面积为 90 ㎡左右的户型为中户型，此类住宅的常见套型有两室两厅、三室一厅等。户型面积适中，方便实用，居住人群一般为新组家庭或三口之家。其中二室二厅为最常见户型。

### （二）中小户型的设计特点

1. 小户型

由于小户型的居室面积相对狭小，要在如此有限的空间内包含起居、会客、储藏、学习等多种功能来满足人们的生活需要，还要使空间有一定的美感，不显得杂乱无章，就需

要对居室空间进行充分合理的布置。

通常来说，小户型的设计规划应注意以下几个方面：

（1）小户型空间规划设计

小户型在平面格局上，应以满足实用功能为先，合理地布置各个功能分区、人流路线和一些大型的家具。小户型空间虽小，但在使用上仍应满足空间相对独立的要求，在空间规划上可多考虑以软分隔的手法，利用屏风、滑轨拉门或采用可移动家具来取代原有的封闭隔断墙，这样既满足了功能要求，又使空间变得通透、明亮、无压迫感。

（2）家具规划设计

家具是居室布置的基本要素，如何在有限的空间内，使室内各功能既相对独立，又有内在联系，不产生拥挤感，这在很大程度上取决于家具的形式和尺寸。小户型的家具规划应首先考虑造型简单、体量小巧、色彩轻盈的家具，在形式上选择可随意组合、拆装、收纳的家具。

在墙面、角落或门的上方可以装设吊柜、壁橱，用来存放衣物，摆设书籍、工艺品等，节省占地面积。在家具选择上要尽量简朴、明净、色泽淡雅。

（3）色彩及陈设配置设计

小户型的居室如设计不合理，会使房间显得昏暗狭小，影响居住者的使用质量。因此，色彩设计在结合居住者喜好的同时，一般应选择浅色调、中间色调作为家具、沙发及陈设品等的基调，使居室能给人清新开朗、明亮宽敞的感觉。

#### 2. 中户型

中户型居住空间在设计上，首先要求功能布局明确清晰，其次要着重考虑实用性，最后要体现居住者的审美情趣。布局以实用为原则，根据家庭人员构成、家庭成员的生活习惯划分所需功能区域，如休息区、起居区、就餐区、收纳区等。为了拓展室内空间视野，提高空间使用率，各功能区域划分既要相互联系，又要保持一定的独立性。中户型住宅的客户对象一般为两三人，审美情趣有一定的差异性，设计师应注意采集家庭成员的意见，共享空间如起居室、餐厅及厨房等，要综合家庭成员的意见进行设计。私密空间如卧室，可以完全根据家庭成员各自的喜好进行设计。在造型设计上应繁简得当、功能齐全，一切从使用的角度出发，充分考虑储藏、清洁、烹饪等生活设施的配置。

## 二、中小户型住宅在设计方面的特征

### （一）实用性要求很高

在设计这种类型的住宅时，必须考虑实用性：第一，必须给人们提供可以正常生活的环境，即便户型较小，也要满足人们做饭、睡觉以及洗漱等要求，这也是最低标准，如果达不到，就会影响住户的生活质量。第二，要科学地布局各个空间。住宅最关键的作用就是满足人们的生活需要，如果功能空间已经比较齐全，就可以适当减少其他布局。对于各个空间来说，必须体现实际的使用价值。衡量空间布局是否科学，不但要看各个空间之间的距离，还要看彼此之间是否存在功能使用的阻碍。

### （二）要具有一定的美感

对于每一个人来说，自己的居所不但要价格适中、功能齐全，而且应该具有一定的美感，这样才能给人带来一种愉悦的心情。一个好的居所，不但需要满足人们的基本生活需要，还应该带给人们心理方面的享受。目前，社会经济正在持续发展，人们具备了一定的经济条件，审美观念也有了进一步的提高，这突出表现在对住宅的要求方面。当然，因为个体的差异性，人们对居所的要求是多种多样的，这就要求设计师在设计时，更加注重人性化，并且要考虑个体的差异性，这样才能满足各个阶层的需要，体现各个阶层的审美情趣以及职业特点。

人们对居所有了更高的要求，这说明人们形成了一定的审美意识。而这种情况是通过长期的实践形成的，并且会随着时间的推移不断完善，而现阶段，人们越来越重视居所的美感。

### （三）要具有多种功能

人们每一天都会有很多时间待在自己的居所里，在那里休息、吃饭以及学习等，相应的，就需要在居所里划分出功能空间，以满足自身的各种需求，方便生活。举个例子，人们进食就需要在餐厅完成，人们休息就需要在卧室完成，等等。

在实际生活中，中小户型住宅本身面积就不会很大，不可能布置更多的空间，满足人们的各种需要。因此，一般来讲，在中小户型住宅里生活，有可能在一个空间里完成两种以上的生活内容。例如：可以把书桌放在卧室内，因为卧室很少有其他人进入，是比较适合兼作书房的；也可以将餐桌放在客厅里，在客厅里完成进食。概括来讲，要高效地使用空间，使人们的各种生活需要都得到满足。

有这样一个原理，那就是不同性质的物质之间会相互吸引，在对复合功能空间进行设计时，可以依据这个原理——把具有相似点的空间安排在一起，这样不但可以使住宅从整体上显得更加和谐，而且可以将各种功能很好地融合在一起，最大限度地利用空间，发挥空间的作用。

对于复合空间来讲，尽量选择冷色调的墙面和家具，最好不要使用绚丽的颜色，主

要原因在于复合空间要实现的功能很多，容纳的物品也很多，只有选择冷色调，才不会显得过于拥挤，才会给人一种舒适的感觉，不会让人觉得局促，暖色调是达不到这个效果的。

#### （四）要注重经济性

在对室内进行设计时，应该考虑居住者的经济承受能力，要科学地布局功能空间，提高使用效率，不能只重视外观，更应该注重经济实用性。

目前，人们的经济条件越来越好，在选购商品时，更看重的是质优价廉。对于工薪阶层来讲，居所应该是布局规整，并且比较实用的。在他们眼中，理想的居所不但具有美好的外观，还必须可以高效地使用，满足日常生活的需要。

#### （五）居室并不是一成不变的

住宅的使用期限通常达到几十年以上，所以在设计户型时要具备一种发展的眼光，这样才能符合未来发展的需要。现代人希望可以按照实际的需要，对户型进行调整。国内某位设计师曾经说过，中小户型住宅和大户型住宅一样，各种功能都要齐全，并且要最大限度地利用功能空间。在他看来，在对中小户型住宅进行设计时，要注重简洁性以及实用性。

### 三、中小户型设计应避免的设计误区

#### （一）盲目选取简约风格

中小户型最好采用简约风？这是不科学的。中小户型空间可以很好地表达具有现代感的装修风格，但简约的装修风格对生活物资的品质要求也很高，不然看起来就会显得低档。盲目装修一个简约风格的小屋，如果驾驭得不好，简约就成了苍白。

#### （二）盲目采用暗色墙面

暗色有弱化空间大小的效果，因而不少人喜欢墙面大面积使用暗色系，以显深邃，但在中小户型中大量使用暗色系，尤其是灰色系，会让人有挤压感，在心理上反而感觉空间缩小了。

#### （三）盲目采用明色作为主色调

一般而言，明亮的色彩可以让空间显得开阔明亮，但中小户型采用大面积明色系会

使自身显得一览无余，这样显然不妥且容易造成视觉疲劳。

#### （四）区域划分过强

中小户型空间本就不多，再强调区域的划分会使空间内各个区域显得更加狭窄。很多人为了突出区域感，会利用不同的材质与高度来划分区域，这在中小户型设计中造成了“回廊”现象，既阻碍视觉又浪费空间。

## 四、设计案例

### （一）极小户型——勒·柯布西耶 $14m^2$ 的精神家园

在法国南部尼斯地区著名的度假天堂——蔚蓝海岸，有一座特别不起眼的小木屋，没有带形窗，没有白墙，没有混凝土，然而它却是柯布西耶一生中唯一为自己建造的住所，如图 3-1-1 和图 3-1-2 所示。

图 3-1-1　柯布西耶居所 1

图 3-1-2　柯布西耶居所 2

以空间的形式把所有的欲望最小化，会有多小？一个现代建筑之父的精神家园需要多大？勒·柯布西耶的答案是 3.66m × 3.66m × 2.26m。

柯布西耶按照普通男性身高开创了他的两套基本模数：红色系列和蓝色系列。小木屋的一切尺寸都基于这两个模数系列。平面 3.66m × 3.66m，长度相当于两个身高 183cm 的人平躺叠加，层高 2.26m 相当于一个身高 183cm 的人举起手臂的高度，如图 3-1-3 和图 3-1-4 所示。

基于模数的逻辑，小木屋的平面由 4 个 140cm × 226cm 的长方形围绕中间 86cm × 86cm 的正方形组成并呈风车式排列。4 个长方形自然形成 2 个睡眠区（可变，有时候是 1 个）、1 个更衣区和 1 个工作区，如图 3-1-5 和图 3-1-6 所示。

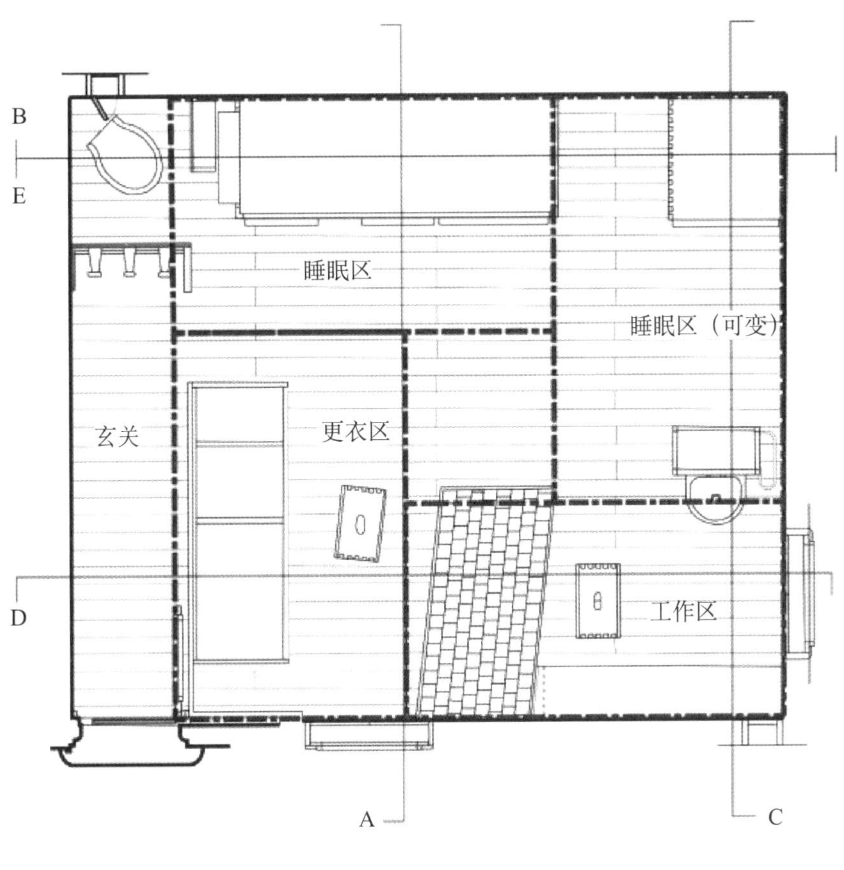

图 3-1-3　柯布西耶居所平面图及分区方式

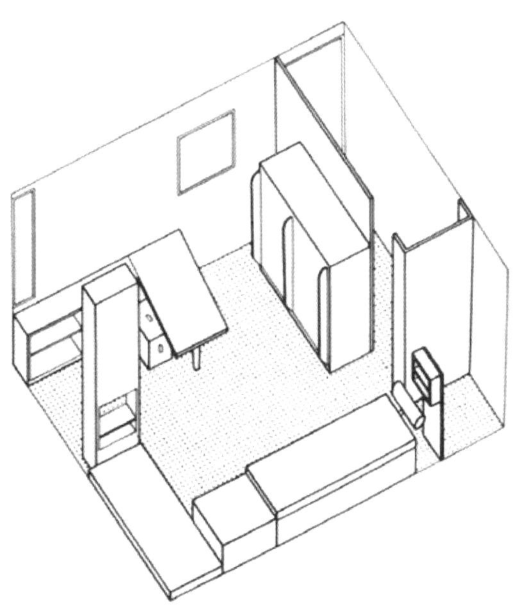
图 3-1-4　柯布西耶居所轴测图

图 3-1-5　柯布西耶居所室内实景图 1

图 3-1-6　柯布西耶居所室内实景图 2

## （二）中户型——王怡琳 -ELIN 团队设计 80m² 混搭北欧居室

整个居室分为上下两层，一层门厅进来是一个中岛，在设计中，把裸露的墙体拐角隐藏起来，让整体看起来简单规整。中岛分双面，分别朝向洗手池方向和入户方向。进门对着的是衣帽柜，放置鞋子、大衣和雨伞等。背面留有 20cm 作为酒柜、书柜使用。前后各有一个移门，移门可向卡位滑动，当衣帽柜使用时，是把卡位区整体挡住，面对洗手池的移门如果移到酒柜一侧，那么透过卡位是可以看到洗手池的，通透感极强，避免了墙体的生硬和占用空间。如图 3-1-7 和图 3-1-8 所示。

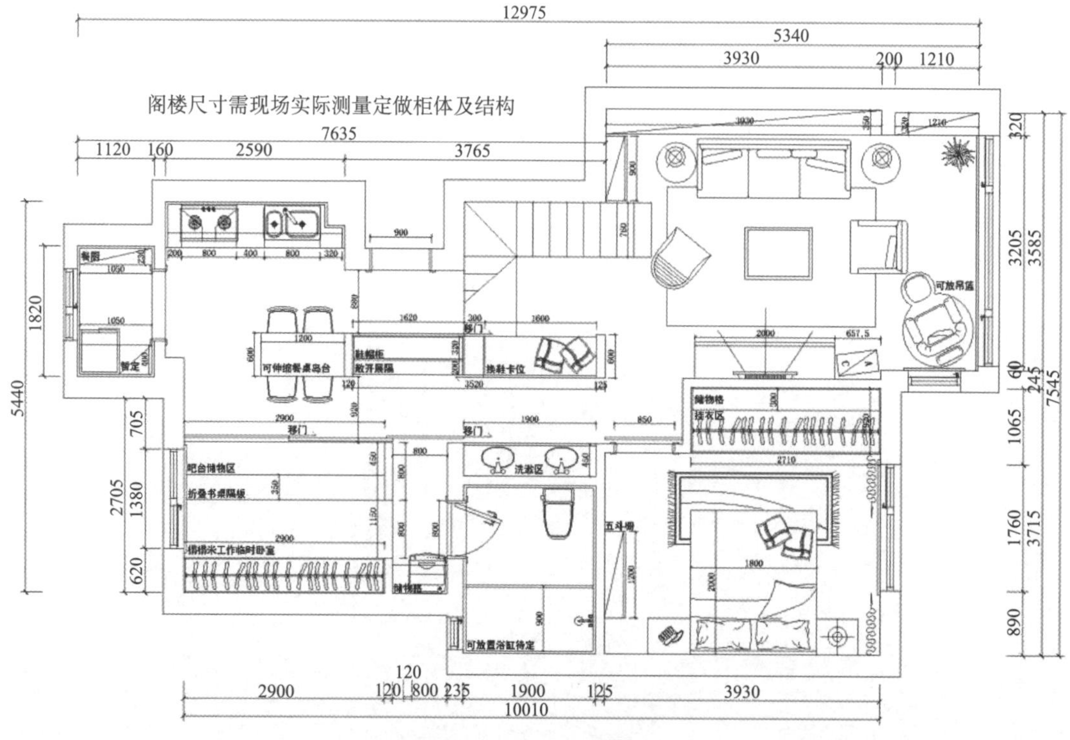

图 3-1-7　一层平面图

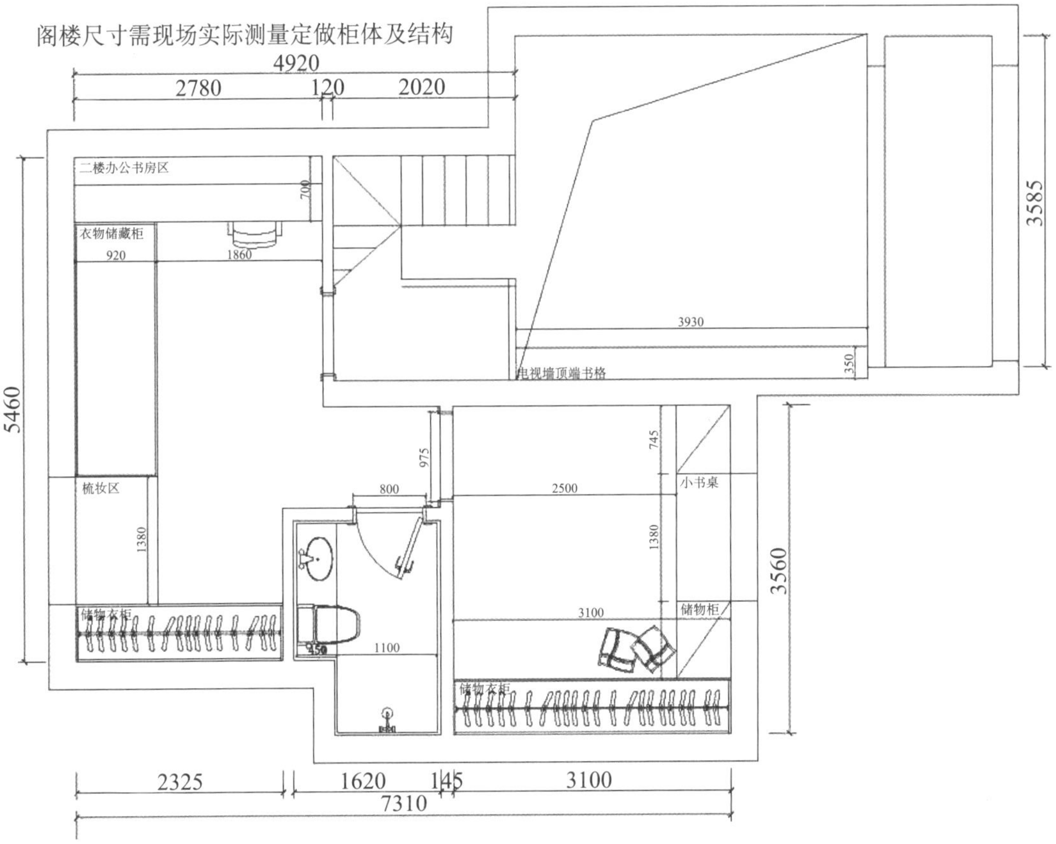

阁楼尺寸需现场实际测量定做柜体及结构

4920
2780　120　2020
二楼办公书房区
700
衣物储藏柜
920　1860
3930
电视墙顶端书格
350
3585
5460
975
800　2500
745
小书桌
梳妆区
1380　1380
3100
储物柜
储物衣柜
1100
150
储物衣柜
3560
2325　1620　145　3100
7310

图 3-1-8　阁楼平面图

入户玄关：作为入户空间，保证换鞋以及外套挂放的便利性，同时楼梯底部的储物间很方便地将外出旅行的行李箱快速收纳。如图 3-1-9 和图 3-1-10 所示。

图 3-1-9　一层入户玄关 1

图 3-1-10　一层入户玄关 2

客厅一侧为形象装饰墙，介于橱柜空间，因此伸缩岛台展开可作为聚会使用。如图 3-1-11 和图 3-1-12 所示。

图 3-1-11 一层客厅实景图 1

图 3-1-12 一层客厅实景图 2

从一层到二层的踏步楼梯（见图 3-1-13），可设计成抽屉以作收纳之用。二层原始阁楼区域的空间不大，自带天窗，原本作为储藏室用。设计师通过设计地台的形式，将该空间设计成了一个卧室，突出了维多利亚时代的风格。屋主最后把它变成了主卧（见图 3-1-14）。

图 3-1-13 踏步楼梯

图 3-1-14 二层卧室实景图

## 能力训练

作业名称：完成中小户型居住空间设计。

作业形式：以平面图、立面图、顶面图等来表现。

作业要求：以手绘和电脑效果图表现均可。

# 第二节　大户型居住空间设计

本节概述

通过大户型居住空间设计的学习，学生应掌握大户型居住空间的设计方法、设计流程、设计分析、创意构思及设计表现等，还应在掌握基础理论知识的同时掌握设计表现技能。

## 学习目的

通过本节的学习，学生应能针对大户型项目进行分析，能根据项目具体要求，对功能空间进行定位，完成方案设计表现。

## 一、大户型空间概念

### （一）大户型的概念

住宅面积 120m$^2$ 以上的户型通常称为大户型，户型形式除了普通套型外，还有错层式、跃进式、复式和半复式等。其中，普通套型有三室两厅、四室两厅，而三室两厅两卫为最常见的大户型，也是相对成熟的一种房型。三室两厅住宅的建筑面积充盈，在布局上可以划分出各家庭成员需要的功能区域，如休息区、会客区、就餐区、收纳区等，各功能区域既相互联系，又可以保持一定的独立性。布局形式应以实用原则为主，根据家庭成员构成以及家庭成员的生活习惯来设计。

### （二）大户型的设计特点

大户型住宅的一般居住年限较长，居住人口通常为三口之家或三代同堂。大户型设计特点可归纳为以下几点：

1）确保功能布局明确清晰。大户型住宅的客户对象主要为三口之家或三代同堂，家庭成员较多，审美情趣不一。设计师应注意采集家庭成员的意见，对于共享空间如起居室、餐厅及厨房等区域，在综合家庭成员意见的基础上进行设计。私密空间如卧室、书房等，则可以完全根据家庭成员各自的喜好进行设计。

2）空间造型着重考虑实用性。在功能布置上，应从人性化角度考虑布局和设施，家有小孩和老人的，一定要考虑他们的安全问题，如上下错层等，卫生间防滑地砖的选择以及家具的选择等也要特别注意。在造型设计上应繁简得当、功能齐全，一切要从实用的角度出发，充分考虑储藏、洗衣、淋浴、做饭、冷藏等生活需求，造型不宜过多、过繁，以免增加清理难度。

3）体现客户个性及审美情趣。个性化设计要考虑主人的审美情趣。

## 二、大户型空间建筑结构类型

为了获得更好的居住空间环境，设计师有时会对现有的房屋结构进行必要的调整。我们只有了解建筑结构类型，才能根据具体情况做出拆、砌等空间调整，进行空间的合并或分隔，从而实现改善空间使用效果的目的。

### 1. 常见的房屋结构形式

一般而言，常见的房屋结构形式按所用材料不同可分为木结构、砖木结构、砖混结构、钢筋混凝土结构、钢结构等。目前住宅建设中普遍的结构类型是砖混结构和钢筋混凝土结构，钢结构更多地用于公共建筑中。

### 2. 建筑结构分类

建筑结构按其承重结构的类型又可分为以下几种：

#### （1）砖混结构

砖混结构是指建筑物中竖向承重的墙、柱等采用砖或砌块建筑，横向承重的梁、楼板、屋面板等采用钢筋混凝土的结构。也就是说，砖混结构是小部分钢筋混凝土及大部分砖墙承重的结构。砖混结构是混合结构的一种，是砖墙和钢筋混凝土梁柱板等构件构成的混合结构体系，适合开间进深较小、房间面积较小、楼层较低的建筑，楼高不能超过6层，承重墙体不能改动。

砖混结构的房屋的承重墙一般厚370mm或240mm，人们习惯上把370mm厚的墙称为“三七墙”、240mm厚的墙称为“二四墙”。在工程中，厚度大于等于240mm的墙常用于承重，厚度小于240mm的墙一般不承重。

#### （2）框架结构

这种结构用纵梁、横梁及立柱组成框架，作为承重结构。然后在纵梁、横梁间铺上梁板形成楼盖和屋盖。在框架结构中，墙体是作为填充材料（板材或砌体）设置在立柱之间的，因而墙体不是承重结构。

框架结构平面布置灵活，可以按使用要求任意分割空间，且构造简单、施工方便。因

此，不论是钢筋混凝土结构的房屋还是钢结构的房屋，框架结构应用都十分广泛。

框架结构比砖混结构强度高，整体性好。但随着高度增加，水平荷载（风力、地震力）起控制作用时，水平力将在柱中产生很大的弯矩和剪力，同时发生侧移，故框架结构一般只用于楼层不是很高（如 10 层左右）的房屋。

（3）剪力墙结构

这种结构用纵向及横向的钢筋混凝土墙，以及用于楼盖和屋盖的梁板组成房屋的承重结构。剪力墙结构由于用整个墙体作为承重结构，因此其侧移刚度很大，可以用来建筑楼层更高（如 10～30 层）的房屋。但是，布置门、窗由于需要在墙体上开洞口，会影响其强度，因此，剪力墙结构的缺点是空间划分不够灵活。

（4）框架－剪力墙结构

这种结构是在框架结构的基础上，沿框架纵、横方向的某些位置，在柱与柱之间设置数面钢筋混凝土墙体作为剪力墙。因此，它是框架和剪力墙的有机结合，综合了两者的优点：布置灵活，且抗侧移能力强。其建筑高度可以比单一的框架结构或剪力墙结构的建筑高出许多。

（5）简体结构

用钢筋混凝土墙组成一个简体作为房屋的承重结构，就是简体结构。简体也可以由密柱和深梁组成，即将柱子密集排列，并在柱间布置深梁（较高的梁），使之形成一个简体。除采用一个简体作承重结构外，也可以用多个简体组成筒中筒结构、束筒结构，还可以将框架和简体联合起来组成“框－简”结构。简体结构在各个方向上的侧移刚度都很大，是目前高层建筑中采用较多的结构形式。

## 三、大户型空间室内流线

流线俗称动线，是指日常活动的路线。它根据人的行为方式把一定的空间组织起来。设计师通过流线设计分隔空间，来实现划分不同功能区域的目的。一般来说，居住空间的流线可分为家务流线、家人流线和访客流线，三条线不能交叉，这是流线设计的基本原则。

1. 家务流线

家务流线主要体现在厨房的动线设计以及洗衣、晒衣等日常的家务上。根据户型的现状，除尊重和符合使用者的劳动习惯外，还应充分考虑动线组合，以保证使用者在使用过程中的流畅、方便和舒适，提高其工作效率，并能满足其审美和精神上的需求，提高其生活品质。

2. 家人流线

家人流线主要存在于卧室、卫生间、书房等私密性较强的空间中。家人流线要充分尊重主人的生活格调，符合主人的生活习惯，保证私密性。

### 3. 访客流线

访客流线主要指客人由门厅进入起居室、餐厅、客卫的行动路线。访客流线应尽量不与家人流线和家务流线交叉，避免客人来访时造成冲突，出现不必要的尴尬，或者影响家人休息和工作。

居室平面布置与交通流线的处理，应遵循以全家活动为中心的原则，对各种有特定用途的空间进行合理安排，实现主次分离、食宿分离、动静分离，各空间之间交通顺畅，尽量减少相互穿行干扰；合理安排设备、设施和家具，保证稳定的布置格局；确保各个功能空间具有良好的空间尺度和视觉效果，功能明确，各得其所。

## 四、设计案例

### 大户型——黄存品设计 143m² “童心”居室

本案的业主是一对年轻的 80 后新婚夫妇，他们对怀旧系列风格颇感兴趣。经过前期的多次沟通，设计师将“做旧”为主的混搭风作为方向，以“童心”为理念。本次设计的初衷是希望能唤起屋主对逝去童年的美好回忆。如图 3-2-1 所示。

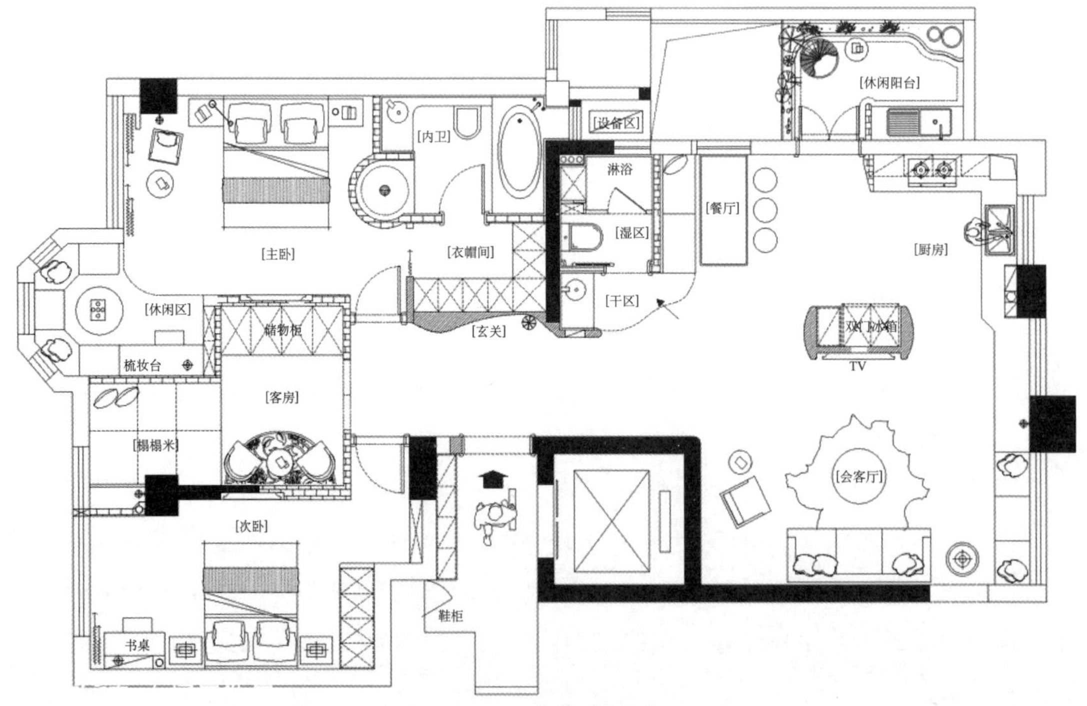


图 3-2-1 大户型平面布置图

客厅沙发背景用了天然文化石，结合彩色旧木板，可以将自然和怀旧气息带入室内空

间。电视机背景所在的中岛柜做到了将厨房与客厅隔开，背面则巧妙地将双门冰箱收纳其中，非但不显突兀，反而成为这个大空间的一个亮点。阳台除了生活功能外，还安排了自然气息浓郁的藤椅以及质朴的墙绘。如图 3-2-2 所示。

玄关用深色的水曲柳木条做旧饰面设计了一个流畅的曲线背景，搭配一盏铁艺镂空的暖光灯，加上木材本身的质感，让忙碌了一天的屋主一进门便感受到家的温馨。如图 3-2-3 所示。

图 3-2-2　客厅实景图

图 3-2-3　玄关实景图

在本案设计中，餐厅背景与外卫干区背景是一幅看似同平面实则错位的色彩对比鲜明的手绘艺术画，餐桌台面是设计团队到原料厂挑选并亲手上漆处理制作的。结合百叶窗，坐在餐厅吃饭，总让人觉得有故事想说。如图 3-2-4 和图 3-2-5 所示。

图 3-2-4　餐厅实景图 1

图 3-2-5　餐厅实景图 2

主卧床背景用图文地板饰面和线条简洁工艺做旧的床相互结合，电视机背景用旧木板做装饰，八角区不仅拥有休闲功能，同时结合了梳妆台功能，地面以马赛克作点缀，让八角区充满特色。整体上呈现了一个舒适而休闲的度假式卧室。如图 3-2-6 所示。

内卫是个俏皮的空间，脱离了传统的设计理念。温暖的彩色马赛克瓷砖可以让在屋主泡澡时不再那么枯燥，整个空间独特而有趣。如图 3-2-7 所示。

图 3-2-6　主卧实景图

图 3-2-7　内卫实景图

##  能力训练

作业名称：完成大户型居住空间设计。

作业形式：以平面图、立面图、顶面图等来表现。

作业要求：以手绘和电脑效果图表现均可。

# 参考文献

［1］张绮曼，郑曙旸．室内设计资料集［M］．北京：中国建筑工业出版社，1991.

［2］朱达黄．居住空间设计［M］．上海：上海人民美术出版社，2010.

［3］孔小丹，戴素芬．居住空间设计实训［M］．上海：东方出版社中心，2009.

［4］黄春波，黄芳．居室空间设计与实训［M］．沈阳：辽宁美术出版社，2014.

［5］丰明高，张塔洪．家居空间设计［M］．长沙：湖南大学出版社，2009.

［6］罗晓良．室内设计实训［M］．北京：化学工业出版社，2010.

［7］程大锦．图解室内设计［M］．天津：天津大学出版社，2010.

［8］刘怀敏．居住空间设计［M］．北京：机械工业出版社，2012.

［9］来增祥，陆震纬．室内设计原理［M］．北京：中国建筑工业出版社，2006.

［10］刘杰，李蔚，洪滔．居住空间室内设计［M］．长春：东北师范大学出版社，2011.

［11］郭明珠，高景荣，冯宪伟．住宅室内设计实训［M］．北京：北京工业大学出版社，2013.

［12］周燕珉．住宅精细化设计［M］．北京：中国建筑工业出版社，2008.

［13］康海飞．室内设计资料图集［M］．北京：中国建筑工业出版社，2016.